Manuela van Schewick

Apportieren mit Spaß

Manuela van Schewick

Apportieren
mit Spaß

Müller
Rüschlikon

Impressum

Einbandgestaltung: Petra Pawletko

Titelbild: Anja Kiefer, www.hundeimpressionen.de

Bildnachweis: Christian Fey: S. 7, 8, 24, 30, 34, 47, 73, 75, 77, 94; Jutta Fischer: S. 72;

Anja Kiefer: S. 11, 36, 39, 51, 76, 82, 93; Maria van Schewick: S. 13 oben, 16, 28, 65;

Carsten Wehrmeister: S. 18, 66, 67, 70, 81, 90

Alle übrigen Fotos stammen von Manuela van Schewick.

Ein herzliches Dankeschön gilt allen, die zum Gelingen dieses Buches beigetragen haben!

Die in diesem Buch enthaltenen Hinweise und Ratschläge beruhen auf jahrelang gemach-
ten Erfahrungen und gesammelten Erkenntnisse in praktischer und theoretischer Arbeit
mit Hunden. Alle Angaben wurden gründlich geprüft. Eine Haftung der Autorin oder des
Verlages und seiner Beauftragten für Personen-, Tier-, Sach- und Vermögensschäden ist
ausgeschlossen.

ISBN 978-3-275-01754-6

Copyright © 2010 by Müller Rüschlikon Verlag
Postfach 103743, 70032 Stuttgart
Ein Unternehmen der Paul Pietsch Verlage GmbH & Co. KG
Lizenznehmer der Bucheli Verlags AG, Baarerstr. 43, CH-6304 Zug

1. Auflage 2010

Sie finden uns im Internet unter **www.mueller-rueschlikon-verlag.de**

Lektorat: Claudia König
Innengestaltung: Petra Pawletko
Druck und Bindung: KoKo Produktionsservice, 70900 Ostrava
Printed in Czech Republic

Inhalt

Einleitung

Wenn man einen Hundebesitzer auffordert, spontan mit seinem Hund zu spielen, kommt meist die Frage: »Womit soll ich denn spielen?« Zwar gibt es viele Möglichkeiten des gemeinsamen Spiels von Mensch und Hund, doch das Spiel mit der Beute hat unter allen offenbar eine besondere Bedeutung. Es ist ein Spiel, das auch Hunde miteinander spielen, zwar etwas anders, da sie sich nicht gegenseitig etwas wegwerfen, aber durchaus auch sehr intensiv, indem sie sich z.B. gegenseitig die Beute abjagen.

Uns Menschen sind da noch ganz andere Möglichkeiten gegeben, dieses Spiel zu lenken, zu verändern und es in vielen Variationen anspruchsvoll zu gestalten. Unser Hund und wir können so nicht nur eine Menge Spaß miteinander haben, wir können unsere Vierbeiner über diese Art der Beschäftigung auch hervorragend auslasten, sie mental und körperlich fordern, ihnen Gelegenheit geben, artgerechte Verhaltensweisen auszuleben. Ein Hund, der nicht ausgelastet ist, dessen Fähigkeiten nicht ausreichend gefordert sind, befindet sich zunehmend in einem Zustand aufgestauter Energien und wird darüber nicht selten zum Problemhund.

Die hier beschriebenen Wege setzen auf ein Lernen ohne Druck und Stress. Langsam wird ein Stein auf den anderen gesetzt. Dabei ist es wichtig, dass wir keine Lücken lassen, durch die nachher der Wind pfeift. Vertrauen zwischen Mensch und Hund und der Spaß am gemeinsamen Tun stehen im Vordergrund.

Auch wenn alles zunächst sehr spielerisch anmutet, oder gerade deswegen, sind die hier aufgezeigten Möglichkeiten durchaus auch für jene Hunde geeignet, bei denen Apportieren zum Job gehört. Was man gerne macht, wird zuverlässiger und mit mehr Einsatz erledigt als Dinge, die man gezwungenermaßen tut. Je anspruchsvoller die Aufgaben werden, umso spannender kann die Arbeit für Ihren Hund werden. Er **muss** nicht viel lernen, er **darf** viel lernen!

Hunde, die miteinander vertraut sind, haben viele Formen des gemeinsamen Beutespiels.

Gespannt warten die Vier auf die Arbeit, auch wenn sie sehr unterschiedliche Vorstellungen davon haben!

Da es viele Möglichkeiten des Apportierens gibt, hat dieses Buch natürlich keinen Anspruch auf Vollständigkeit. Es zeigt Wege zur Kooperation zwischen Mensch und Hund auf, die in viele Richtungen weiter gegangen werden können.

Apportieren ist eben mehr als Bällchen werfen!

Grundlagen des Apportierens

Bevor wir uns mit der praktischen Arbeit beschäftigen, lassen Sie uns doch einmal schauen, warum dieses alte Spiel zwischen Mensch und Hund überhaupt funktioniert. Welchen Hintergrund hat es, dass unser Hund irgendeinem sich bewegenden Gegenstand hinterherläuft und sich im Zweifel, mangels Beschäftigung, der Verfolgung von Joggern, spielenden Kindern oder Fahrradfahrern widmet? Warum verteidigt er einen schnöden Tennisball oder gar Stock? Warum hüpft er freudig mit seiner Beute vor uns herum und hat nicht im Ansatz vor, uns diese zu geben? Warum gibt es Hunde, die scheinbar gar kein Interesse am Apportieren haben und solche, die keine Gelegenheit auslassen, den Menschen zum Beutespiel zu animieren?

Warum apportieren Hunde?

Apportieren ist nichts anderes als das Verfolgen und Fangen einer Beute, die dann für sich bzw. für das Rudel in Sicherheit gebracht wird. Hunde sind, wie alle ihre wilden Verwandten, Beutegreifer. Alle wildlebenden Caniden leben davon, Beutetiere zu erjagen und zu fressen. Die Jagd besteht aus einer Vielzahl zwangsläufig aufeinander folgender Verhaltensweisen, einer Verhaltenskette. Wild wird aufgespürt, gesichtet, fixiert, verfolgt, gehetzt, gepackt und schließlich getötet und verzehrt.

Stellen Sie sich vor, Sie sind ein Wolf, der unterwegs ist, um Futter zu suchen. Plötzlich nehmen Sie ein Kaninchen wahr, das sich schnell von Ihnen weg bewegt. Was würde geschehen, wenn Sie nun erst darüber nachdenken, ob dieses Kaninchen denn für Ihre Speisekarte das geeignete wäre, ob Größe und Fellfarbe Ihren Vorstellungen entsprächen? Richtig – es wäre längst über alle Berge bzw. in seinem Bau, wenn Sie sich entscheiden würden, es dann doch mal zu verfolgen. Damit genau das nicht passiert, hat die Natur ein System, das eben keine Wahl lässt: Reiz und Reaktion.

Der stärkste Reiz, der Beutefangverhalten auslöst, geht von einem Objekt aus, das kleiner ist als der Jäger und sich schnell und geradlinig von ihm fortbewegt. Trotz schneller Reaktion gelingt es nun natürlich häufig nicht, das verfolgte Tier zu erbeuten. Wären Wolf oder Wildhund nun so gefrustet, dass sie jegliche Jagdbemühungen einstellen würden, wäre der Hungertod nicht mehr weit. Aber auch hier hat die Natur wieder ihre Tricks. Bei allen Handlungen, die zu diesem lebenswichtigen Funktionskreis gehören, werden im Gehirn Boten-

stoffe frei gesetzt, die das handelnde Tier, egal ob es zum Erfolg kommt oder nicht, glücklich machen. Also, der Hund, der auf dem Feld die Raben verfolgt, die er wahrscheinlich nicht fangen wird, kommt glücklich und entspannt zurück (es sei denn, die Raben haben eine Straße überflogen), weil bereits das Hetzen allein ihn

Ohne Zweifel – eine attraktive Beute!

Schnell zum sicheren Auto damit!

glücklich macht. Er wird schnell lernen, dass eben dieses Verhalten ihn glücklich macht und bald alles hetzen, was er sieht, Hasen, Rehe, Jogger, Autos ... Der Jagderfolg ist hierbei zunächst nicht wichtig! Die Handlungskette, bis hin zur Endhandlung, wird jedoch weiter geführt, wenn sich die Gelegenheit ergibt.

Ebenso wie unsere Hunde lernen können, dass es Spaß macht, Nachbars Hühner, Jogger oder Fahrradfahrer zu jagen, können sie auch lernen, dass es eine durchaus positive Sache ist, ihre jagdlichen Ambitionen auf Bälle, Dummys oder Kongs zu konzentrieren. Bei diesem gemeinsamen Jagdspiel werden im Gehirn dieselben Botenstoffe ausgeschüttet und die reglementierte Jagd auf Dummy oder Ball verschafft ein ähnliches Glücksgefühl.

Fällt dem Menschen gar nichts anderes zur Beschäftigung seines Vierbeiners ein als das permanente stupide Ballspiel, passiert es in manchen Fällen sogar, dass der Hund regelrecht süchtig danach wird. Diese »Balljunkies« fordern dann irgendwann ausdauernd und energisch das Werfen des Apportels, um dank Ausschüttung von Endorphinen, besagter Botenstoffe, »high« zu werden.

Natürlich treffen wir auch auf Hunde, die scheinbar gar kein Interesse an derlei Beschäftigung haben. Im Zweifel gehören sie schlicht zu jenen Schlägen, die vom Menschen im Laufe der Domestikation auf möglichst wenig jagdliche Ambitionen hin selektiert wurden. Nicht alle Eigenschaften des wölfischen Erbes sind für jeden Spezialisten nützlich. Vergleichen wir z.B. die Arbeit des kleinen Terriers bei der Baujagd mit der des Herdenschutzhundes in Anatolien, wird deutlich, dass die Fähigkeiten des einen nicht unbedingt für den Job des anderen taugen. Bei einigen Schlägen sind hier natürlich speziell die jagdlichen Fähigkeiten gefördert worden, bei anderen sind diese Eigenschaften eher hinderlich für die zuverlässige Arbeit und deshalb so stark wie möglich reduziert worden.

Neben dieser genetischen Disposition spielen für die Bereitschaft zum Apportieren sicher auch gute oder schlechte Erfahrungen des Individuums eine große Rolle.

Ein eingespieltes Team, die Zusammenarbeit ist selbstverständlich.

Abgeben ist Vertrauenssache!

Unsere Hunde sind hochsoziale Lebewesen. Ihre wilden Vorfahren oder auch verwilderte Haushunde leben in gut organisierten sozialen Gemeinschaften. Vieles, was zum Fortbestand der Gruppe wichtig ist, wird gemeinsam oder arbeitsteilig betrieben. So ist auch die Jagd ein Bereich, bei dem die perfekt koordinierte Zusammenarbeit zu deutlich effektiverem Ergebnis führen kann. Die Fähigkeit, gemeinsam mit dem Sozialpartner zu jagen, bringen unsere Hunde also bereits mit. Auch das Teilen der Beute ist selbstverständlich. Nach erfolgreicher Jagd wird gemeinsam gefressen. Es gibt mittlerweile viele Freilandbeobachtungen, z.B. von Günther Bloch, die belegen, dass nicht nur die Jungtiere, die noch nicht mit zur Jagd aufbrechen können, versorgt werden, sondern auch schwache oder kranke Rudelmitglieder. Also: Auch das Abgeben gehört zum normalen Verhalten!

Warum aber tun so viele Hunde das nicht? Hierfür kann es viele Ursachen geben:

Zunächst einmal ist Beute eigentlich etwas Lebenswichtiges, was mit dem vertrauten Sozialpartner geteilt, dem »Feind« gegenüber aber verteidigt wird. Wenn unser Hund also seine Beute für sich behalten möchte, ist es an der Zeit zu fragen: Sind wir vertrauenswürdiger Sozialpartner? Verhalten wir uns so, dass er uns verstehen und unser Handeln einschätzen kann?

Beute wird in der sozialen Gemeinschaft geteilt. Das gilt nicht nur für Gummihühner.

Nicht selten ist es so, dass unser Vierbeiner bereits ganz früh gelernt hat, dass der Mensch ganz böse wird, wenn er eine tolle Beute hat. Manch frisch gebackener Hundebesitzer ist bald entnervt, wenn sein entdeckungslustiger Welpe zum x-ten Male den neuen Schuh herumschleppt, den Teddy der kleinen Tochter oder den Socken aus der Schmutzwäsche. Unser Welpe weiß natürlich zunächst nicht, dass all diese Dinge eine andere Bestimmung haben, als von ihm herumgetragen und gegebenenfalls auf Materialbeständigkeit getestet zu werden! Er macht aber nun eventuell immer wieder die Erfahrung, dass sein Mensch immer, wenn er mit einer tollen Beute in seine Nähe kommt, ganz böse wird. Er lernt, wenn ich etwas Schönes habe, zeigt mein Mensch aggressives Verhalten und nimmt die Beute weg! Weshalb sollte er in Zukunft davon ausgehen, dass wir es sehr wohl möchten, dass er uns seine Beute bringt?

Beute ist wichtig! Sie wird gegebenenfalls ernsthaft verteidigt.

Sollten Sie sich jetzt gerade an das eigene Handeln in solchen Situationen erinnert fühlen, ist es an der Zeit, bessere Wege zu beschreiten, falls Sie möchten, dass Ihr Hund Ihnen demnächst Apportel abgibt! Ab heute ist alles »BRAV!«, was der Hund bringt! Nur so kann er verknüpfen, dass es gut ist, seine Beute mit dem Menschen zu teilen. Das freiwillige Ausgeben aller Dinge, die der Hund findet, kann auch mal lebensrettend sein, wenn er beispielsweise Medikamente oder andere gefährliche Dinge erwischt hat! Alles, was der Hund, insbesondere der Welpe, nicht haben darf, wird zunächst so positioniert, dass es zumindest keinen Aufforderungscharakter mehr hat. Sehen Sie, dass ihr kleiner Freund gleich etwas nehmen wird, was er nicht haben darf, kommt noch VOR der Tat ein klares »Nein!«. Loben Sie ihn, wenn er auf die Mitnahme verzichtet und geben Sie ihm ein Spielzeug, das er haben darf.

Natürlich gibt es auch den Vertreter, der es aus grundsätzlichen Erwägungen ablehnt, jemanden an Beute heranzulassen, der alle Ressourcen verteidigt und sich als übergeordnete Instanz sieht. Hier sollte darüber nachgedacht werden, ob der Hund verstanden hat, wie Sie sich die Rangordnung vorstellen. Sprechen Sie einmal mit einem Fachmann darüber.

Ruhig bleiben und Beute tauschen erhält das Vertrauen!

Was Hänschen nicht lernt ...

Sicherlich ist es nicht so, dass ein Hund, der als Welpe und Junghund keine gute Apportierarbeit kennen gelernt hat, allein deshalb später gar nicht mehr dazu zu motivieren ist. Fakt ist allerdings, dass alles, was ein Hund früh lernt, womit er zumindest im Ansatz schon konfrontiert war, ihm später sozusagen besser von der Pfote geht.

In den ersten 16 Wochen seines Lebens saugt der Welpe alle Eindrücke auf wie ein Schwamm. Er lernt, mit Sozialpartnern vernünftig zu kommunizieren und dass die Welt aus mehr als Haus und Garten besteht. Er lernt aber auch Regeln einzuhalten, gemeinsam mit dem Menschen zu lernen und übt bereits viele Fähigkeiten.

Schon ein Züchter kann die ersten Beutespiele seiner Welpen aufgreifen, um ihnen zu vermitteln, dass dieses Spiel auch mit dem Menschen Spaß macht. Kommt der Welpe zu seiner neuen Familie, können auch hier sehr bald seine jagdlichen Fähigkeiten in die richtigen Bahnen gelenkt werden. Es kommt dabei sicher nicht darauf an, gleich das ganze Repertoire möglicher Lernschritte zu erarbeiten. Das braucht viel Zeit! Den Grundstein für eine vertrauensvolle und korrekte Zusammenarbeit kann man in dieser Zeit jedoch besser legen denn je.

Von uns Menschen ist bei der Arbeit mit Welpen besonders viel Besonnenheit gefragt. Fehler prägen sich in dieser Zeit ebenso schnell ein wie geplante Ergebnisse. Ungeduld und Überforderung vermitteln nachhaltig, dass es ein blödes Spiel ist. Welpen können sich vielleicht zwei bis drei Minuten wirklich konzentrieren. Wir sollten also immer darauf bedacht sein, sie weder mental noch körperlich zu sehr zu fordern.

Gemeinsames Spiel in entspannter Stimmung schafft Vertrauen.

Wichtig!

→ Die wichtigste Apportier-Lektion, die ein Welpe lernen muss, ist: Mein Mensch freut sich, wenn ich ihm Beute bringe!

Zerrspiele –
Sinn und Gefahren

Viele Hunde lieben es, wild am Spielzeug zu zerren, mit uns um die Beute zu kämpfen. Mancher Vierbeiner lässt sich über ein solches Spiel gut zur Apportierarbeit motivieren oder empfindet es als tolle Belohnung nach konzentrierter Arbeit. Auch Hunde spielen dieses Spiel miteinander.

Egal, ob Mensch und Hund oder Hunde miteinander dieses Zerrspiel spielen, es ist nur dann wirklich ein Spiel, wenn beide Spielpartner entspannt und tatsächlich in Spiellaune sind. Geschieht es in einem Umfeld, welches in Bezug auf die soziale Rangordnung viele Fragen offen lässt, kann es schnell einen ernsthafteren, kämpferischen Charakter annehmen. Manche Hunde lassen sich mental durch solche wilden Spiele so aufheizen, dass sie nur schwer wieder zur Ruhe kommen. Bleibt das Spiel in jeder Phase kontrollierbar, spricht wenig dagegen. Grundsätzlich verboten sind Zerrspiele zwischen Kindern und Hunden! Handelt es sich beim Hund nicht um ein wirkliches Spiel oder

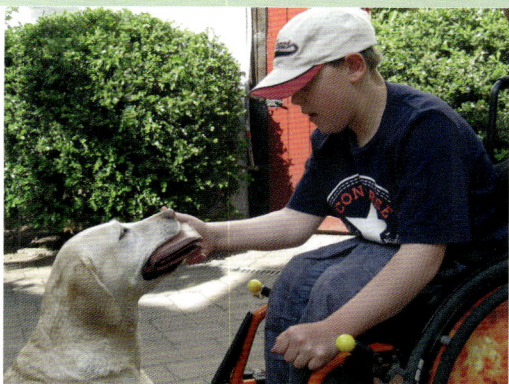
Vorsichtig und geduldig hält die Hündin die Geldbörse.

schlägt die Spiellaune irgendwann um und der Hund versucht gegenüber dem Kind seine Stärke zu demonstrieren, kann das schlimme Folgen haben. Zudem ist ein wild zerrender Hund oft so heftig in die Handlung vertieft, dass er manchmal nicht merkt, wohin er nachfasst, um die umkämpfte Beute zu halten. Hier ist auch bei definitiv freundlichem Spiel durchaus mal eine Verletzung möglich. Menschliche Haut ist eben untauglich für heftiges Hundespiel.

Bei Hunden, von denen wir erwarten, dass sie z.B. Wild, Dummys oder auch als Helfer von Menschen mit Handicaps, Gegenstände des alltäglichen Lebens sanft transportieren, wäre ich sehr zurückhaltend mit solch heftigen Spielen. Es wäre schade, würden wir ihr »weiches Maul« durch grobes Spiel verderben.

Klein aber oho! Die Größe eines Hundes sagt nichts über die Ernsthaftigkeit aus, mit der er seine Ziele verfolgt!

Wichtig!

➔ Ein absolutes Verbot für Zerrspiele gilt in der Zahnungsphase, also um den vierten und fünften Lebensmonat! Die sich lockernden Milchzähne können bei solchen Spielen die nachfolgenden Zähne nachhaltig beschädigen.

Bedeutung der Apportierarbeit für den Alltag

Apportieren ist nicht nur eine Möglichkeit, Hunde artgerecht zu beschäftigen. Ein gezieltes Apportiertraining beinhaltet auch ein sehr ausgeprägtes Gehorsamstraining. Über jede Lerneinheit lernen sich auch Mensch und Hund immer besser einzuschätzen und einander zu vertrauen. So wird nicht zuletzt auch die Beziehung zwischen beiden verbessert und gefestigt. Das Zusammenspiel wird selbstverständlicher und sicherer.

Der Jäger in unserem Hund ist nur zu leicht versucht, allem hinterher zu jagen, was sich bewegt, auf sich bewegende Reize eben artgerecht zu reagieren. Zum einen machen wir uns diese Eigenschaft beim Apportiertraining zunutze, zum Anderen lenken wir sie aber in kontrollierbare Bahnen. Der Hund lernt, dass gemeinsam gejagt wird, dass dieses kooperative Handeln jedoch klaren Regeln unterliegt. Er lernt, dass die Initiative vom Menschen ausgeht, dass man warten muss, bevor man die Beute verfolgt und gegebenenfalls sogar stoppen muss, bevor sie erreicht ist. Trotzdem kann er erfahren, dass dieses gemeinsame Tun spannend ist und Spaß macht. Wichtig ist dabei natürlich, dass man das Training langsam aufbaut, den Vierbeiner nicht überfordert und ihm ausreichend Erfolgserlebnisse verschafft.

Das gemeinsame Beutespiel mit dem Menschen macht Spaß!

Gezieltes Apportieren als »Lebensversicherung« für den Hund

Ist das Stoppen hinter der Beute zum festen Programmpunkt geworden, hat Ihr Hund eine Lebensversicherung! Wie oft könnte ein tödlicher Unfall verhindert werden, ließe sich der eigenständige Jäger hinter dem Reh abrufen oder auf Distanz absetzen oder ablegen, bevor er den Raben über die Landstraße folgt! Dass dieser Gehorsam nur mit Fleiß und Konsequenz zu erreichen ist, ist logisch. Aber ist der Erfolg nicht die Arbeit wert?

Bei einem Hund, der eine hohe Bereitschaft zum eigenständigen Hetzen und Beute machen zeigt, ist es durchaus empfehlenswert, bei Spaziergängen immer eine Ersatzbeute, ein Spielzeug dabei zu haben und den Hund gelegentlich apportieren zu lassen. So wird er jagdliche Unternehmungen von Ihnen erwarten und sich weniger auf potenzielle Beute in der Umgebung konzentrieren. Auch in anderen Momenten, in denen Sie seine Aufmerksamkeit auf sich richten möchten, können Sie gegebenerfalls einfach Ihre Beute aus der Tasche zaubern und den Vierbeiner wieder auf sich konzentrieren, z.B. wenn Kinder mit dem Ball spielen oder der Lieblingsfeind den Weg kreuzt.

Der Rüde lässt sich mit dem Spielzeug leicht auf seinen Menschen konzentrieren, der gerade viel interessanter ist als alle anderen Hunde.

Die Bindung fördern

Alles, was in einer sozialen Gemeinschaft wirklich gemeinsam und nicht nur so nebeneinander her getan wird, fördert den Zusammenhalt. Jedes Spiel, jede Lerneinheit, jede Kuscheleinheit trägt dazu bei, dass man sich gegenseitig besser einzuschätzen lernt und vertrauter miteinander wird. In solchen Aktivitäten werden auch immer wieder Grenzen abgesteckt und so die soziale Rangordnung gefestigt.

Beute ist immer eine sensible Angelegenheit, egal ob es sich um ernährungstechnisch wichtige oder um Ersatzbeute handelt. Geben wir dem Hund doch die Möglichkeit zu lernen, dass das gemeinsame Handeln, auch in Bezug auf Beute, für ihn positiv ist, dass er uns vertrauen kann und dass der sicherste Platz für alles Erjagte bei uns ist! Gegenseitiges Vertrauen ist elementare Voraussetzung für enge Bindung. Jede gemeinsame Aktivität, die mit positiver Stimmung verbunden ist, wird diese Bindung fördern.

Den Hund mental auslasten

Wollten Sie nur gelegentlich einen Ball werfen, hätten Sie dieses Buch nicht in der Hand! Beim Apportieren gibt es eine Fülle von Möglichkeiten, den Hund mental zu fordern und zu fördern. Seine Sinne werden auf unterschiedlichste Weise angesprochen, zudem werden Konzentration, Merkfähigkeit, Reaktionsfähigkeit und Koordinationsfähigkeit ebenso geschult wie geduldiges Warten und Frustrationstoleranz. Gezieltes und anspruchsvolles Apportieren fordert eben den ganzen Hund und zeitweise auch den ganzen Menschen! Natürlich kann ein Hund Dinge holen, die er

hat fallen sehen. Sind es dann drei oder vier Teile, die gefallen sind und der Reihenfolge nach möglichst korrekt gebracht werden sollen, wird die Sache schon schwieriger.

Viel Naseneinsatz wird bei der Verlorensuche erwartet. Hier hat unser Freund gar nichts gesehen, soll aber trotzdem ein bestimmtes Gebiet absuchen und alles Brauchbare bringen. Anspruchsvoller wird es noch, wenn wir ihn mit Sicht- und Hörzeichen auf bestimmte Punkte schicken, an denen Beute liegt, die er ebenfalls nicht hat fallen sehen. Die unterschiedlichen Formen des Apportierens lassen sich dann noch miteinander verbinden und mit der Zeit zu immer anspruchsvolleren Aufgaben wandeln.

Sollten Sie also Spaß an dieser Form der Arbeit finden, werden Sie viel Phantasie und Zeit investieren können. Auch kleine Übungen, die sich mal eben im Alltag einbauen lassen, um den Hund zu beschäftigen, gibt es reichlich. Sie werden selbst auf solche Ideen kommen, Vorschläge dazu finden Sie aber auch am Ende des Buches.

Nicht nur körperlicher Einsatz ist gefragt, auch Konzentration und mentale Beweglichkeit sind nötig, um die Aufgaben zu meistern.

Gute Vorbereitung

Damit dem Spaß an der Arbeit und vielen gelungenen Übunger nichts im Wege steht, sollten noch einige Punkte bedacht werden.

Gesundheitscheck

Apportieren ist nicht nur mental, sondern auch körperlich sehr anstrengend. Schnelles Laufen, lange kontinuierliche Bewegungsphasen oder das Schwimmen können nicht nur positives Konditionstraining, sondern auch durchaus belastend sein. Auch die Arbeit in unwegsamem Gelände, Bergab- oder Bergauflaufen, besonders aber das plötzliche Abstoppen beim Erreichen des Apportels setzen körperliche Gesundheit voraus. Sprechen Sie mit Ihrem Tierarzt, ob es Gründe gibt, warum die eine oder andere Apportierübung für Ihren vierbeinigen Freund vielleicht nicht geeignet ist. Grundsätzliche Vorsicht in der Belastung sollten Sie bei Welpen, jungen und älteren Hunden walten lassen.

Auch wenn der Welpe sich schon früh sehr interessiert zeigt, sollte man seinen eigenen Ehrgeiz bremsen und die Arbeitsfreude nur so weit nutzen, wie es der körperlichen Entwicklung des Hundes angemessen ist.

Sinnvolle Apportel

Schauen wir uns das Angebot an Hundespielzeug und Apporteln an, die wir käuflich erwerben können, so bietet sich hier eine Fülle von Möglichkeiten, die für den Laien kaum zu durchschauen ist. Auch unsere Hunde haben prima Ideen, was man alles tragen und im Zweifel auf Materialbeständigkeit testen kann. Gelegentlich entsprechen diese Versuche nicht ganz unseren Vorstellungen.

Haben Sie vor, Ihren Hund auf Prüfungen zu führen, ist es sinnvoll, möglichst früh auch mit entsprechend prüfungsrelevanten Gegenständen zu üben. Während bei einigen Rassen ein Bringholz verwendet wird, arbeiten beispielsweise die Retriever mit Dummys, die es in unterschiedlichen Varianten gibt. Alle Arbeitsgeräte werden nur zum Training benutzt und dem Hund nicht zum Spiel überlassen! Zum einen könnten die Hunde sich Unarten angewöhnen, die später vielleicht ein Prüfungsergebnis verderben würden, zum anderen sind diese Teile leicht zu zerstören.

Wichtig!

➡ Alles, was dem Hund zum Spiel überlassen wird, muss eine hohe Materialbeständigkeit aufweisen, ungiftig sein und so groß sein, dass es nicht verschluckt werden kann.

Apportel, die man kaufen kann

Sowohl Spielzeuge als auch Arbeitsgeräte finden Sie im Fachhandel. Apportel, die für Prüfungen korrekt wären, sind nicht unbedingt in Tierbedarfsgeschäften zu bekommen. Sie müssen gegebenenfalls bei Anbietern für den speziellen Bedarf bestellt werden. Informieren Sie sich am besten zunächst, welche Gegenstände Sie benötigen, um z. B. bei Dummyprüfungen oder Obedience-Prüfungen teilnehmen zu können.

Dummy

Dummys gibt es in unterschiedlichsten Ausführungen. Prüfungsrelevant ist das »normale« 500-Gramm-Dummy aus Canvasstoff. Bei der Vorbereitung auf alle Dummyprüfungen ist es also sinnvoll, genau damit zu arbeiten.

Dummys für alle F(e)älle

Die Wahl fiel leicht.

Es gibt Dummys in unterschiedlichen Gewichten, für Welpen, für Junghunde, mit verschiedenen Fellbezügen, schwimmend oder nicht schwimmend, in verschiedenen Farben, für das jagdliche Training in Enten- oder Kaninchenform oder besonders widerstandsfähige aus Feuerwehrschlauch. Spezielle Wasserdummys sind aus unterschiedlichen Kunststoffen hergestellt.

Die Auswahl ist groß, nicht alles ist sinnvoll.

Apportierholz

Diese Apportel haben ihren Ursprung in der Apportierarbeit von Schutzhunden und Jagdhunden. Einige können im Gewicht verändert werden. Häufig werden sie im jagdlichen Training mit Fell umwickelt.

Spielzeuge

Suchen Sie aus der Fülle der angebotenen Spielzeuge jene heraus, die Ihnen zweckmäßig scheinen und der Größe Ihres Hundes entsprechen. Der cremefarbene Plüschteddy ist eher für den Apport im Wohnzimmer und den besonders sanften Hund geeignet. Je lebhafter Ihr Hund ist, je heftiger seine Materialtests ausfallen, umso widerstandfähiger muss das Spielzeug sein. Schauen Sie auf die Beschreibungen des Herstellers. Gibt er selbst eine Garantie für weitgehende Unzerstörbarkeit, ist das bereits ein guter Hinweis auf Qualität.

Viele Spielzeuge sind an einer Kordel befestigt, die auch dem ungeübten Werfer eine Chance zum Weitwurf gibt. Beim Tragen dieses Apporte s tritt der Hund gegebenenfalls ständig auf diese Schnur. Also entweder verkürzen oder gleich die Alternative mit kürzerer Kordel kaufen.

Manche Spielzeuge sind so geformt, dass sie wild hin und her hüpfen und in ihrer Bewegung kaum zu kalkulieren sind. Hier wäre z.B. der Kong zu nennen. Für viele Hunde ist das ein besonders spannendes Spiel.

Quietschende Spielzeuge motivieren manche Hunde zur intensiven Beschäftigung damit. Abgesehen davon, dass diese Art der Beschäftigung für den Menschen ziemlich nervtötend sein kann, sind solche Artikel auch nicht für jeden Hund sinnvoll. Während einige von der Quietscherei nur bespaßt werden, kommen andere in einen Erregungszustand, der nicht mehr vertretbar ist. Es gibt Hunde, die mit einer solchen Beute im Maul kaum noch ansprechbar sind und völlig in den Funktionskreis jagdlichen Handelns abtauchen. Sie lernen darüber jedes Mal, dass es Spaß macht, wenn Beute quietscht. Es kann passieren, dass solche Erfahrungen generalisiert und auf das Spiel mit Menschen, Hunden oder anderen Tieren übertragen werden.

Selbst gemachte Apportel

Insbesondere für den Welpen kann man leicht ein weiches Dummy herstellen, indem man einen alten Socken mit Stoff ausstopft und zuknotet. Die Größe richtet sich exakt nach dem Bedarf des eigenen Hundes. Insbesondere in der Zahnungsphase ist es wichtig, dass nur

Einfach herzustellen und preiswert: selbst gemachte Apportel.

mit ganz weichen Gegenständen gearbeitet wird, die das wachsende Gebiss nicht schädigen und auch keine Schmerzen beim Tragen verursachen.

Aufgetragene enge Jeans oder die Ärmel alter Jeanshemden eignen sich hervorragend, um individuelle Dummys herzustellen. Wer fleißig ist, stopft die Röhre in der gewünschten Länge mit dem restlichen Stoff aus und näht die Enden zu. Wer sich weniger Arbeit machen möchte, versucht es mit Zuknoten.

Alte Handtücher, die in der Mitte einen Knoten erhalten, sind ebenfalls gern angenommene Spielzeuge.

Vorsicht: Lebensgefahr!

Ein besonders beliebtes Spiel ist es, dem Hund Stöcke zu werfen. Sie finden sich bei jedem Spaziergang und kosten kein Geld – somit ist es egal, wenn sie verloren gehen. Zudem schleppt der Hund sie auch noch von selbst an, wenn er gelernt hat, dass sein Mensch sich dann mit ihm beschäftigt.

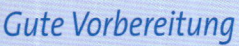

Der Stock bleibt in der weichen Erde stecken. Stürzt der Hund sich darauf, kann das Ergebnis tödlich sein!

Stellen Sie sich vor, Sie werfen den Stock in ein Feld. Der Boden ist relativ weich, so dass eine Spitze des Holzes eindringen kann. Der Stock bleibt stecken und ragt Ihrem Hund wie eine Lanze entgegen. In wildem Apportiereifer stürzt sich Ihr vierbeiniger Freund darauf ... Je nachdem, wo die Spitze des Stockes im Rachen auftrifft, wie tief die Verletzung ist, kommt jede Hilfe zu spät. Er verblutet an Ort und Stelle!

Die Verletzungsgefahr durch Holzsplitter, die ins Zahnfleisch eindringen, ist auch nicht von der Hand zu weisen. Zuweilen stecken auch kurze Stöckchen quer zwischen den Zähnen des Unter- oder Oberkiefers fest. Auch Tannenzapfen können ähnlich unangenehme Verletzungen verursachen. Die Entfernung von Fremdkörpern aus dem Fang des Hundes ist nicht immer unproblematisch und meist mit Schmerzen verbunden.
Das Bringen von Steinen kann ebenfalls zum Schmerz- und Kostenfaktor werden. Abgese-

hen davon, dass hier die Zähne einer hohen Verletzungsgefahr ausgesetzt sind, passiert es leicht, auch bei scheinbar viel zu großen Steinen, dass ein Hund sie verschluckt. Während ganz kleine und glatte Exemplare meist wieder ausgeschieden werden können, ist bei den größeren eine teure und belastende OP fällig.
Gefahr besteht auch bei allen Spielzeugen, die so klein oder so weich sind, dass sie komplett verschluckt werden können. Nicht weniger problematisch sind solche, die sich schnell zerlegen lassen und dann portionsweise geschluckt werden. Gegenstände, die Weichmacher enthalten, stellen zudem noch eine besondere Gefahr dar, da sich diese Stoffe in Verbindung mit der Magensäure zu scharfen Kristallen entwickeln und innere Verletzungen verursachen können.

Zeit, Raum, Stimmung

Versuchen Sie gar nicht erst, mal eben zwischen Kochen und Mittagessen mit Ihrem Apportiertraining zu beginnen! Eine entspannte Atmosphäre kann nur entstehen, wenn **Sie** entspannt sind, wirklich Zeit, Lust und Muße für diese Aktion haben. Ideal ist eigentlich, wenn außer Ihnen niemand zu Hause ist, und sogar das Telefon für kurze Zeit ignoriert werden kann.

Überlegen Sie, ob Ihr Hund jetzt auch Lust auf Arbeit haben könnte, oder ob er gerade vollgefressen oder fertig vom Spaziergang in der Ecke schlummert.

Suchen Sie sich einen Raum, der wenig Ablenkung bietet und der von seiner Größe her so begrenzt ist, dass die Distanz zwischen Ihnen und dem Hund nicht sehr groß werden und er sich mit der Beute nicht zu weit entfernen kann.

Wichtig!

➡ Überlegen Sie, ob Sie nur so aus Spaß und zur sinnvollen Auslastung Apportierarbeit machen möchten, oder ob Sie vielleicht Ambitionen haben, irgendwann an einer Prüfung teilzunehmen. Bei Dummyprüfungen, jagdlichen Prüfungen oder einigen Begleithundeprüfungen werden korrekte Formen des Apportierens gefordert. Sollten Sie also nicht ausschließen, an solchen Veranstaltungen teilnehmen zu wollen, ist es sinnvoll, manche Elemente, z.B. das Abgeben, von Anfang an ganz korrekt zu erarbeiten. Sie finden an den entsprechenden Stellen Hinweise darauf.

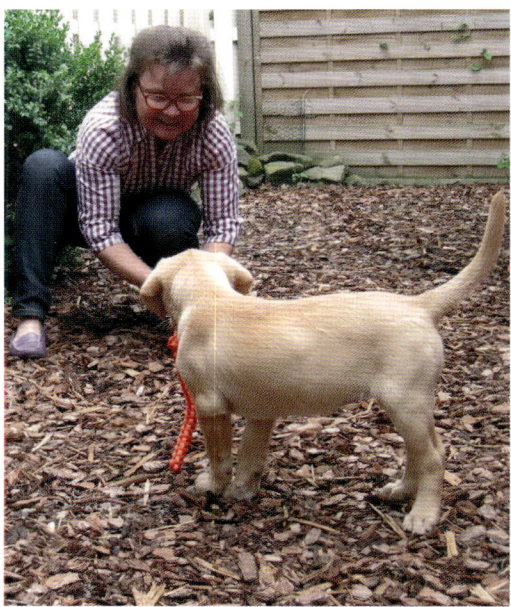

Nutzen Sie die Wachphasen Ihres Welpen, um ihn zum Spiel zu begeistern.

Erste Schritte

3

Apportieren mit Spaß lautet unsere Devise!
Lernen kann nur Spaß machen und auch
nur dann wirklich erfolgreich sein, wenn es
in entspannter Atmosphäre, ohne jegliche
Form von Stress stattfindet.

Handlungen, die für das Individuum positive Konsequenzen haben, die also zum Erfolg führen, werden beibehalten, solche, die keinen persönlichen Nutzen bringen, werden gelöscht. In freier Wildbahn müssen Energien sparend eingesetzt werden, dürfen nicht für unsinnige Anstrengungen verschwendet werden. Was sich in der Evolution bewährt hat, sollten wir nicht außer Acht lassen. Erfolg, Lob, Belohnung sind wichtige Elemente auf dem Weg zum Ziel.

Egal, was Sie mit Ihrem Hund erreichen möchten, gehen Sie locker an die Sache heran, setzen Sie sich nicht selbst unter Druck. Vielleicht können Sie im Moment noch nicht einschätzen, welche Zeit für die Erarbeitung Ihrer Ziele notwendig ist. Seien Sie also nicht enttäuscht, wenn alles nicht so schnell klappt, wie Sie es erwartet haben. Denken Sie daran, dass Ihr vierbeiniger Freund sein ganz eigenes Lerntempo hat. Arbeiten Sie zu schnell oder gehen Sie den zweiten Schritt, bevor der erste sitzt, konstruieren Sie sich damit eventuell Probleme, an denen Sie später lange zu knabbern haben.

Die aktuelle Lerndisposition Ihres Hundes, seine innere Bereitschaft zu lernen, ist ein wichtiger Faktor. Sein Verhalten, seine Stimmung ist von vielen Komponenten abhängig. Die momentane Umweltsituation gehört ebenso dazu wie seine physische Verfassung, hormonelle Unpässlichkeiten oder das Schreckerlebnis von gestern Abend. Üben Sie nicht gegen besseres Wissen und Bauchgefühl, nur weil Sie es sich gerade in den Kopf gesetzt haben. Zu schnell tritt der erste Misserfolg ein, Sie werden ungeduldig und der Negativkreislauf beginnt.

Motivation ist alles!

Egal, was die anderen denken – Ihre Beute lebt!

Boden. Zeigen Sie dem Hund das Apportel und machen Sie es interessant, indem Sie es geräuschvoll herum hüpfen lassen (eben wie eine lebende Beute). Machen Sie dieses Spiel so lange, bis Ihr Hund nichts anderes mehr im Sinn hat, als nur noch dieses Objekt zu fangen. Werfen Sie es dann ein kleines Stück fort und ermuntern den Hund überzeugend, hinterher zu laufen, es zu nehmen und zu Ihnen zurückzukommen. Tut er dies tatsächlich, loben Sie ihn natürlich freudig dafür. Ihre Begeisterung für dieses tolle Spiel muss für den Hund spürbar sein! Lassen Sie ihm ruhig zunächst die

Selbst der Hund, der Spaß daran hat, Dingen hinterherzulaufen und sie zu fangen, muss erst lernen, dass das Spiel besondere Freude macht, wenn der Mensch mitspielt. Unser Ziel muss also zunächst sein, den Hund für das gemeinsame Spiel mit uns zu begeistern!
Überlegen Sie dazu zunächst, was eine »richtige Beute« macht! Sie liegt jedenfalls nicht regungslos in der Hand, um dann ein paar Meter zu fliegen und wieder nur dort zu liegen. Beute bewegt sich unkalkulierbar, mal schnell, mal langsam, versteckt sich, hüpft, schlägt Haken, versucht zu fliehen, quietscht, schreit, faucht, stellt sich tot, zappelt ... All das veranlasst unseren domestizierten Beutegreifer auch heute noch, sie zu erjagen. Verleihen Sie also Ihrer gemeinsamen Beute motivierendes Leben!

Begeben Sie sich am besten in einen kleinen Raum, der wenig Ausweichmöglichkeiten bietet, und setzen Sie sich gemütlich auf den

Werfen Sie nur ein kleines Stück und jubeln Sie aufmunternd, wenn Ihr Hund das Apportel holt und bringt!

Beute und streicheln und loben Sie ihn nur. Er lernt: Mein Mensch freut sich, wenn ich mit Beute zu ihm komme.

Nach kurzer Zeit nehmen Sie ihm so ganz nebenbei den Gegenstand ab und werfen ihn im gleichen Augenblick (binnen einer Sekunde!) wieder fort. Diese Handlung ist von ganz großer Bedeutung für das freudige Bringen – der Hund lernt: Beute abgeben heißt, das Spiel geht weiter.

Die Fortsetzung des Spiels ist die Belohnung für das Bringen. Futterbelohnung ist eher störend als hilfreich, da das Tun selbst das Ziel und somit die Belohnung ist! Denken Sie an die Botenstoffe, die Ihren Vierbeiner beim gemeinsamen Jagdspiel glücklich machen. Vermeiden Sie es unbedingt, sich auf den Hund zu zu bewegen, wenn er etwas bringt, ihm im Zweifel sogar hinterher zu laufen! Mancher Hund wird ein witziges Spiel darin sehen, dass Sie ihn jagen, ein anderer könnte sich dadurch, dass Sie sich schnell auf ihn zu bewegen, bedroht fühlen und die Sache mit dem Heranbringen doch für zu gefährlich erachten.

Sollten Sie Prüfungsambitionen haben, ist es wichtig, dass alles in Ihre Hand abgegeben wird. Gegebenenfalls wird auch ein Vorsitzen gefordert. Versuchen Sie deshalb bereits in den ersten Motivationsspielen, das Apportel in die Hand zu bekommen und nur dann weiter zu spielen. Heben Sie es selbst auf, um das fröhliche Spiel fortzusetzen, belohnen Sie fürs Hinwerfen.

Wird das Bringsel vor Ihnen auf den Boden geworfen, versuchen Sie zunächst, es noch einmal interessant zu machen, indem Sie es anstupsen. Hebt der Hund es auf, nehmen Sie es gleich freudig ab und werfen es wieder fort. Hebt er es nicht auf, gibt es zwei Möglichkeiten: Entweder Sie tun, als ob es Sie gar nicht interessiert und warten, ob es vielleicht dann doch wieder aufgehoben wird, um Sie zum Spielen zu animieren, oder Sie nehmen es weg und beenden die Übung kommentarlos und stimmungsneutral.

Gehen Sie in die Hocke, lassen den Hund herankommen und nehmen freudig das Apportel entgegen.

Wird interessantes Spielzeug zum Tausch angeboten, lässt sich mancher Hund eher überzeugen, etwas abzugeben.

Kommt der Hund bereits zuverlässig mit der Beute zu Ihnen zurück, so benutzen Sie zunächst handlungsbegleitend (während der Hund mit Apportel auf Sie zukommt) das Wort »Apport!« Später ist dies Ihr Kommando. Ihr Hund weiß zunächst nicht, was das Wort »Apport!« bedeutet. Es ist deshalb unsinnig, ihn damit von Anfang an zum Bringen aufzufordern. Sind Sie aber sicher, dass er die gewünschte Handlung ausführen wird, sagen Sie es immer dazu, so lange, bis Sie den Eindruck haben, dass es verstanden ist. Erst dann ist es Ihr Kommando!

Das Abnehmen der Beute begleiten Sie mit dem Wort »Aus!«. Wird der Gegenstand nicht freiwillig ausgegeben, so bieten Sie zunächst einen zweiten ebenso attraktiven zum Tausch, bis unser Freund gelernt hat, dass Abgeben positiv ist.

Machen Sie diese Übung, sooft Sie Lust und Zeit dazu haben. Irgendwann müssen Sie auch nicht mehr auf dem Boden sitzen, sondern können bequem stehen bleiben. Unsere Beute muss auch nicht mehr animierend hüpfen und quieken, das ist nur zur anfäng-lichen Motivation erforderlich. Wenn es ohne Ablenkung im Haus gut klappt, steigern Sie die Umweltsituation langsam, indem Sie im Garten üben, draußen auf Wiesen, Feldern … Benutzen Sie ruhig unterschiedliche Gegenstände, damit irgendwann alles gebracht wird, was Sie möchten.

Wichtig!

 Begeben Sie sich keinesfalls in freies Gelände, bevor dieses Spiel nicht in geschütztem Raum zu 100 % klappt! Der Hund muss unbedingt verstanden haben, dass diese gemeinsamen Aktionen immer mit der Abgabe der Beute an Sie enden. Die gemeinsame Aktion muss ihm Spaß machen! Das Vertrauen zu Ihnen muss so stark sein, dass Beute zu Ihnen zu bringen für ihn bedeutet – Beute für UNS in Sicherheit bringen. Wollen Sie später bei jedem Apport diskutieren, ob er herankommt und abgibt, wird es ein nervenaufreibendes Unterfangen.

Mit Spaß langsam Regeln einbringen

Hat Ihr Hund gelernt, auch in ablenkungsreicher Umgebung Dinge zu Ihnen zu bringen, gehen Sie einen Schritt weiter und fordern jetzt etwas mehr Gehorsam. Hierfür ist es erforderlich, dass er eine kurze Zeit auch unter Ablenkung sitzen bleiben kann.

Lassen Sie den Hund sitzen und stellen Sie sich vor ihn. Halten Sie am besten das Handzeichen für »Sitz!« als Erinnerung, dass zunächst nichts anderes angesagt ist als eben sitzen. Nun werfen Sie den Gegenstand mit möglichst wenig Bewegung nur ein kleines Stück hinter sich, haben den Hund dabei aber gut im Auge. Erst wenn die Beute liegt kommt das Kommando »Apport!« und er darf es holen, um es wieder abzugeben. Sollte er vorzeitig losspurten, treten Sie schnell auf die Beute, damit er nicht zum Erfolg kommt und versuchen es noch einmal. Gegebenenfalls muss zunächst noch einmal das Sitzenbleiben für sich geübt werden.

Der Hund sitzt, bis das Apportel gefallen ist.

Auf das Hörzeichen »Apport!« darf er losstürmen, um das Spielzeug zu holen und zu bringen.

Ist die Übung erfolgreich verlaufen, wird zunächst jedes Mal, später nur noch gelegentlich einfach just for fun als Belohnung geworfen, ohne vorheriges Sitzen.

Bleibt der Hund vor Ihnen bereits ruhig sitzen, wird er neben Sie bei Fuß gesetzt und die Beute wird vorwärts weggeworfen. Langsam werden Umweltreize und Konzentrationszeit gesteigert. Achten Sie unbedingt darauf, dass es allen Beteiligten noch Spaß macht. Beenden Sie die Übungen immer dann, wenn sie gerade hervorragend klappen! Üben Sie mit Spielzeug, darf der Hund es evtl. am Ende einfach behalten. Üben Sie mit Arbeitsmaterial, z.B. Dummys, nehmen Sie es an sich und geben ihm stattdessen ein Spielzeug.

Wichtige Regeln

→ Üben Sie nur, wenn Sie und Ihr Hund in der Stimmung dazu sind.

→ Stellen Sie zunächst eine ablenkungsarme Umweltsituation her.

→ Machen Sie die Beute so interessant, dass Ihr Hund gar nicht anders kann, als sie zu verfolgen.

→ Zeigen Sie Ihre Begeisterung an diesem Spiel.

→ Üben Sie nur so lange, wie es gut klappt.

→ Überlegen Sie, welche Grundkommandos erforderlich sind und üben Sie diese in vielen Alltagssituationen.

→ Erwarten Sie nichts, was noch nicht klappen kann.

→ Steigern Sie Umweltsituationen, Konzentrationszeit und Lerninhalte langsam.

→ Vermeiden Sie Drohgesten, z.B. sich über den Hund zu beugen oder ihn streng zu fixieren.

→ Lassen Sie den Hund zu sich kommen und laufen Sie nicht auf ihn zu.

→ Belohnen Sie möglichst durch Beutespiel.

→ Beenden Sie das Training mit einer gelungenen Übung.

Bringt nicht – gibt's nicht!

Sollten sich irgendwann im Laufe der Arbeit Situationen ergeben, in denen das Apportel nicht gebracht wird, müssen Sie davon ausgehen, dass hier gerade irgendetwas gepflegt schief läuft! Vielleicht wurde ein Stein in unserem Bauwerk vergessen und irgendwo pfeift doch der Wind durchs Mauerwerk. Überdenken Sie diese Situationen noch einmal genau!

➡ Stimmt das Vertrauensverhältnis zwischen Ihnen und dem Hund im Moment? Sind Sie in den letzten Tagen vielleicht sehr streng gewesen und Ihr Vierbeiner versucht schlicht, die Individualdistanz zu wahren?

➡ Sind die Übungen angemessen? Belohnen Sie oft genug mit Spiel?

➡ Sind Sie selbst genervt und unkonzentriert? – Dann lassen Sie ihn doch einfach just for fun apportieren.

➡ Bewegen Sie sich, vielleicht fixierend und nach vorne gebeugt (drohend), auf den Hund zu, während er zurückkommt? – Versuchen Sie, aufrecht stehen zu bleiben, in die Hocke zu gehen oder sich langsam und auffordernd rückwärts vom herannahenden Hund weg zu bewegen. Ist er unmittelbar vor Ihnen, nehmen Sie das Dummy ab, ohne Vorwärtsbewegung.

➡ Haben Sie zu schnell den sicheren kleinen Raum verlassen? Hatte Ihr Hund noch gar nicht verstanden, dass es ein gemeinsames Spiel ist, als Sie begannen, auf der Wiese zu üben? – Zurück ins kleine Zimmer! Bauen Sie Ihre ersten Übungen neu auf. Ihr Hund lernt schnell, z.B. auch, dass es Spaß macht, wenn Sie so lustig mit den Händen fuchtelnd sein Beuterennspiel mitmachen und versuchen ihn zu fangen. Bieten Sie Ersatzbeute an, mit der Sie ihn heranlocken und werfen beide Teile schlicht im Wechsel.

➡ Stehen eventuell andere Menschen oder Hunde in der Nähe, an denen er sich nicht vorbei traut? Es kann sein, dass er es nicht wagt, mit Beute an anderen Hunden vorbei zu laufen, die vielleicht nur durch ihre Körpersprache Stärke demonstrieren.

➡ Hat er vielleicht schlechte Erfahrungen mit Hunden oder Menschen gemacht in Bezug auf Beute? Ist er vielleicht einmal von einem anderen Menschen zu grob davon abgehalten worden, ein Bringsel aufzuheben, und generalisiert diese Erfahrung? – Verhindern Sie solche Situationen, indem Sie bewusst darauf achten, wo etwas geholt werden soll.

Der Hund ist auf dem Weg zu Ihnen. Schon eine kleine, ungeschickte Bewegung auf ihn zu kann ihn zum Rückzug motivieren.

Bevor Sie davon ausgehen, dass Ihr Hund nur »bockig« ist, beobachten Sie lieber genau sein Verhalten und versuchen die tatsächlichen Gründe dafür herauszufinden.

Die Alternative: Aufbau über den Clicker

Die zuvor beschriebene Methode ist für die absolute Mehrheit unserer Hunde erfolgversprechend. Sie finden schnell Freude am gemeinsamen Spiel, kooperieren dann gerne mit uns, weil die Handlung befriedigend ist und Spaß macht. Es gibt aber einige Exemplare unserer vierbeinigen Freunde, die so eigenständig in ihrem Tun oder auch so desinteressiert an der Sache sind, dass wir sie erst auf anderem Weg davon überzeugen müssen, dass gemeinsames Apportieren gewinnbringendes Handeln ist. Auch wenn grundsätzlich eine Belohnung mit Futter bei der Apportierarbeit wenig Sinn macht, da die Handlung selbst belohnt, und der Hund eventuell schnell jedes Apportel ausspuckt um sein Bröckchen zu bekommen, müssen wir manchmal diesen Umweg gehen.

Sollte Ihr Hund also zu jenen Vertretern seiner Art gehören, die sich von unserem Motivationsspiel nicht begeistern lassen oder ganz andere Vorstellungen davon haben, wie der »Spaß« beim Apportieren aussieht, könnten Sie es mit einer anderen, auch positiven Methode versuchen, nämlich mit dem Clicker. Da es nicht DEN Hund gibt, kann es auch nicht DIE Methode geben. Gerade bei Hunden, die etwas falsch verknüpft oder einfach andere, sehr eigene Ideen haben, ist die Arbeit mit dem Clicker oft sehr erfolgbringend. Eigenständiges Handeln ist hier gefragt und es wird nur positiv bestätigt.

Ein lustiges Spiel, doch auf Dauer ist der Spaß etwas einseitig.

Kleine Einführung in die Clicker-Arbeit

Der Clicker ist ein kleines Gerät aus Plastik und Metall, welches bei Druck ein klickendes Geräusch abgibt. Als Kinder nannten wir diese Teile »Knackfrösche«, nur dass diese viel billiger waren. Natürlich verbindet der Hund zunächst gar nichts mit diesem komischen Geräusch. Manche erschrecken sich sogar darüber. Er muss erst lernen, dass dieser Ton ihm eine Belohnung verspricht. Der Clicker ist ein sogenannter sekundärer Verstärker. Nicht der Ton selbst macht den Hund zunächst glücklich, befriedigt ein Bedürfnis, sondern das, was er nach erfolgreicher Lernphase damit verbindet – das Leckerchen.

Lernen ist ein Prozess, bei dem die Konsequenzen des eigenen Handelns zu Veränderungen führen. Die Konsequenz kann positiv oder negativ sein, wobei man heute davon ausgeht, dass die positive Bestätigung die weitaus sinnvollere ist. Dieses Wissen verdanken wir nicht zuletzt der modernen Hirnforschung in der Humanmedizin.

Die Verstärkung für das Handeln muss bei dieser Form des Lernens in sehr kurzer Zeit eintreten, möglichst binnen einer Sekunde! Man kann sich nun viele Trainingssituationen vorstellen, in denen man nicht die geringste Chance hätte, den Hund binnen dieser Zeit zu belohnen. Allein eine eventuell vorhandene Distanz verhindert das. Wollen Sie Ihren Hund z. B. zeitgerecht dafür belohnen, dass er sich in zehn Meter Entfernung hinsetzt, müssten Sie schon ein außergewöhnliches Sprinttalent sein. Gelingt es uns aber, genau in dem Moment, in dem richtiges Tun erfolgt, durch ein Signal zu bestätigen, versteht der Hund leichter, was wir von ihm wollen, als wenn wir ihm erzählen, dass genau das prima war, was er vor

Der Hund sitzt auf Distanz und wird genau in diesem Augenblick durch das Click-Signal bestätigt.

dem Herankommen und dem Fallenlassen des Apportels und dem Anpinkeln des Nachbarn gemacht hat.

Also, es geht darum zu sagen – genau jetzt, in diesem Augenblick machst Du etwas richtig und dafür bekommst du gleich ein Leckerchen.
Bei dieser Arbeit wird der Hund mental sehr stark gefordert, da er selbst ausprobiert und sein Handeln frei wählen kann. Nur das richtige Handeln wird positiv bestätigt, falsche Aktivitäten werden ignoriert, führen also nicht zum Erfolg. Der Mensch schimpft nicht, wird nicht böse. Es bleibt eine positive Grundstimmung und kein Stressfaktor verhindert den Lernerfolg.

Hunde, die auf den Clicker konditioniert sind, werden häufig schon ganz aufgeregt, wenn man das Teil in die Hand nimmt. Sie haben gelernt, dass ihr Mensch jetzt etwas Schönes mit ihnen macht und ganz auf sie konzentriert ist. Und in der Tat ist es so, dass der Mensch sowie er dieses Teil in der Hand hat und punktgenau damit bestätigen soll, wesentlich konzentrierter ist, als wenn er sein Lob einfach nur so vor sich hin schwatzt. Natürlich benötigen wir dafür nicht unbedingt dieses Gerät »Clicker«. Sie können ersatzweise jedes andere Geräusch, z.B. das Schnalzen mit der Zunge oder das Schnipsen mit den Fingern nehmen, oder sich mit sich selbst auf ein Clicker-Wort, z.B. »Prima!« einigen. Wichtig sind jedoch Ihre Konzentration und der korrekte Einsatz! Üben Sie einfach mal, einen Ball auf den Boden fallen zu lassen und genau das Aufkommen auf dem Boden durch Ihr Clicker-Signal zu bestätigen. Klappt das, dürfen Sie mit der Arbeit am Hund beginnen.

Die Konditionierung auf den Clicker

Unser Hund soll verknüpfen, dass dem Clickgeräusch immer etwas Positives, am einfachsten ein Futterstück folgt. Er lernt dies, indem genau das mehrere hundert bis mehrere tausend Male passiert.

Sie befinden sich in entspannter Atmosphäre, im Garten, vor dem Fernseher, am Schreibtisch und der Hund ist in Ihrer Nähe. Sie haben anfangs am besten bereits einige Bröckchen in der auf dem Rücken oder in der Tasche verborgenen Hand. Sie fordern nichts vom Hund, kein

Sitz, kein Platz! Sie klicken einfach und geben SOFORT das Leckerchen hinterher. Haben Sie das einige Male gemacht und Ihr Vierbeiner findet diese Futteraktion toll, können Sie beginnen, immer so lange zu warten, bis er Sie anschaut, dann Click und Bröckchen. Damit haben Sie schon eine zusätzliche Lerneinheit mit eingebaut, indem Sie seine Aufmerksamkeit bestätigt haben. Verfüttern Sie ruhig die gesamte Futtermenge darüber.

Um auszuprobieren, ob der Hund bereits verstanden hat, dass es für ein Click ein Leckerchen gibt, können Sie einfach einmal clicken, wenn er gerade anderweitig beschäftigt ist, z.B. brav auf seiner Decke liegt. Nimmt er die Einladung, sich etwas abzuholen, zügig an, kann mit der Arbeit begonnen werden. Reagiert er noch nicht, wird weiter mit Click gefüttert.

Hat er verstanden, dass der Click das Futter verspricht, ist keine Eile bei der Futtergabe mehr erforderlich. Geben Sie die Belohnung, wenn Sie sie in Ruhe aus der Tasche geholt haben, wenn er nach korrekter Handlung bei Ihnen ankommt oder wenn Sie zu ihm gekommen sind. Nur das Timing für den Click ist dann noch wichtig, nicht mehr die zeitliche Distanz zur Futterbelohnung.

Click – Bröckchen, das ist zunächst alles. Es wird noch nichts gefordert, bevor beides verknüpft ist.

Mögliche Wege

Unser Ziel ist, dass der Hund zuverlässig ein Apportel aufnimmt und zu uns bringt. Es gibt grundsätzlich zwei Möglichkeiten, dies mit Clicker zu erarbeiten: Wir beginnen am Anfang des Geschehens oder am Ende und bauen langsam den Rest daran.

Shaping

Nehmen wir an, Ihr vierbeiniger Freund ist eher ein Apportiermuffel und der Meinung, wenn Sie etwas wegwerfen, können Sie es auch selbst holen. Wir müssten ihm also zunächst einmal erklären, dass es sich sehr wohl lohnt, sich mit der angebotenen Beute etwas näher zu beschäftigen. Der Weg dorthin liefe über eine systematische Verhaltensformung, dem sogenannten »Shaping«.

Beim Shaping geht es um die Veränderung des Verhaltens in ganz kleinen Schritten, wobei aufbauend auf dem bereits Erreichten immer das Verhalten bestätigt wird, welches dem Ziel wieder ein winziges Stück näher kommt.

So kann es aussehen:

Sie haben ein Spielzeug, welches Sie ganz interessant machen und dann ein wenig wegwerfen. Ihrem Hund ist das völlig egal. Er schaut gelangweilt in der Gegend herum. Dabei fällt sein Blick auch auf das Spielzeug. Sofort clicken Sie, denn Sie haben die Situation ja genau beobachtet und just auf diesen Moment gewartet, in dem er die Beute auch nur eines Blickes würdigt. Der Hund kommt und wird belohnt. Natürlich weiß er in diesem Moment noch nicht, warum er belohnt wird.

Sie werfen noch einmal oder lassen das Ding einfach liegen. Wieder fällt der Blick darauf, wieder Click und Bröckchen. Bei jedem neuen Werfen wird die Aufmerksamkeit größer. Er schaut schneller hin, verfolgt dann sogar den Flug. Jeder kleine Fortschritt wird immer so lange mit einem Click bedacht, bis er regelmäßig auftritt. Dann erhöhen Sie wieder Ihre Erwartungen. Der nächste Schritt könnte z.B. tatsächlich ein Schritt sein, und zwar der, den der Hund auf das Spielzeug zu macht. Click – Bröckchen. Er geht bis zum Apportel hin – Click – Bröckchen. Er stupst es an – Click – Bröckchen.

Ziel ist es, dass der Hund jeden Gegenstand freudig holt und bringt.

So bauen Sie ganz langsam, Schritt für Schritt auf, bestätigen jeweils solange, bis eine Handlung zuverlässig erfolgt und warten dann auf den nächsten Fortschritt. Dass die ganze Palette möglichen Handelns nicht an einem Tag zu erreichen ist, versteht sich von selbst. Beenden Sie die Übung am besten genau dann, wenn gerade etwas hervorragend geklappt hat. Geben Sie ruhig eine ganze Hand voll Futter als Jackpot. Auch solche besonderen Futterbelohnungen wirken sich positiv auf das Lernverhalten aus.

Diese Arbeit ist sehr anstrengend für den Hund. Er wird danach müde sein und schlafen, was optimal für die Abspeicherung des Gelernten ins Langzeitgedächtnis ist!

Arbeiten Sie sich langsam vorwärts. Die meisten Hunde bekommen schnell Spaß daran, wenn sie so gefordert werden und versuchen alles Mögliche auszuprobieren, um das Ziel, den Click, zu erreichen.

Chaining

Diese Form des Aufbaus ist für jene Vertreter geeignet, die das Apportel total toll finden, auch gerne mit Spaß apportieren, aber selber bestimmen, was Spaß ist. In der Praxis sieht das dann im Zweifel so aus, dass sie begeistert mit dem Spielzeug vor uns her hüpfen, aber nicht im Traum auf die Idee kommen, es abzugeben oder gar die Beute einfach kassieren und sich damit in sichere Gefilde begeben.

Beim Chaining wird eine Verhaltenskette aufgebaut, an deren letztem Glied wir beginnen. Es wird ausschließlich die letzte Handlung der Verhaltenskette belohnt und die Kette sozusagen rückwärts aufgefädelt. Es ist sinnvoll, den Clicker hier zu benutzten, ist aber nicht unbedingt erforderlich. Es kann auch gleich primär, also mit Futter belohnt werden.

Überlegen Sie zuerst, wie zukünftig die korrekte Abgabe des Apportels aussehen soll. Möchten Sie, dass es vor Ihnen abgelegt wird, dass Sie es in die Hand bekommen oder sogar, dass Ihr Hund sich vor Sie hinsetzt und artig wartet, bis er es in die Hand abgeben soll?

Gehen wir davon aus, dass Sie sehr anspruchsvoll sind oder das korrekte Abgeben für eine Prüfung üben möchten. Der Hund soll also grundsätzlich mit dem Apportel kommen, sich vor Sie hinsetzen und erst auf das Kommando »Aus!« abgeben. Die Endhandlung in der Handlungskette ist also das Abgeben.

Das Abgeben, die letzte Handlung in der Kette, wird zuerst geübt und mit Click bestätigt.

Sie brauchen ein Dummy, Bröckchen und eventuell den Clicker. Um Ablenkung und Ausweichmöglichkeit für den Hund zu verringern, begeben Sie sich wieder in einen begrenzten Raum. Versuchen Sie, das Dummy so interessant zu machen, dass der Hund es in den

Die Hündin wägt noch ab, was wohl die bessere Beute ist.

Fang nimmt. Halten Sie es dabei so, dass er es möglichst mittig packt. Das ordentliche Tragen wäre nämlich auch wieder prüfungsrelevant. Nimmt er es, kommt auch gleich wieder das Hörzeichen »Aus!«. Genau in dem Moment, in dem das Dummy losgelassen wird, ist Ihr Click zu hören. Anschließend wird mit Leckerchen belohnt.

Sollte Ihr vierbeiniger Freund auch das »Aus!« noch als Diskussionsangebot werten, den klaren Aufforderungscharakter des Wortes also noch nicht verstanden haben, halten Sie ihm das Leckerchen direkt vor die Nase, als Angebot zum Tausch. Das Hörzeichen kommt hier erst in dem Moment, in dem losgelassen wird, da das Kommando ja erst noch verknüpft werden muss. Bei manchem Spezialisten könnten besonders attraktive und stinkende Futterbrocken nötig sein, um ihn vom Nutzen des Tauschgeschäftes zu überzeugen. Bitte bei diesen Spezialisten nun nicht aus Begeisterung das Dummy als Belohnung weg werfen! Man würde Ihnen wieder die Mittelkralle zeigen und amüsiert vor Ihnen her hüpfen. Bei Hunden mit so eigenen Vorstellungen vom Leben sind manche Späße eben erst möglich, wenn Sie verstanden haben, dass auch der Mensch gute Ideen haben kann, auf die man sich getrost einlassen kann.

Sie haben hier gerade einen Seiltanzakt zu bewältigen zwischen freiwilligem Abgeben, aber doch so lange festhalten, bis der Mensch es tatsächlich haben will. Wird das Apportel freiwillig losgelassen, versuchen Sie, es immer ein wenig länger halten zu lassen. Erst auf »Aus!« soll ausgegeben werden. Timen Sie Ihre Belohnung gut! Wenige Fehler Ihrerseits können zu anhaltend falschem Verhalten führen. Manches wird eben ganz schnell abgespeichert, ob uns das recht ist oder nicht.

Machen Sie diese Übung immer nur wenige Male. Sie wird schnell zu eintönig oder es baut sich zu viel Energie auf, die sich in übermütigem Handeln entlädt und den Erfolg vielleicht wieder kippen lässt.

Ist die erste Hürde, das Festhalten und freiwillige Abgeben auf Kommando geschafft, gehen wir einen kleinen Schritt weiter rückwärts. Der Hund wird vor uns gesetzt, er soll das Dummy nehmen, einen Moment halten und abgeben. Das Abgeben wird belohnt, solange bis alles perfekt klappt, **immer**!

Kann er sitzen bleiben und eine Zeit festhalten, kommt der nächste Schritt. Gehen Sie einen Schritt zurück, lassen den Hund nachkommen, um gleich wieder zu sitzen und korrekt abzugeben. Klappt das erneute Hinsetzen und gleichzeitige Festhalten des Dummys, kann auf zwei oder drei Schritte gesteigert werden. Immer wird in diesem Stadium am Schluss mit Futter belohnt! Beginnen Sie, wenn alles gut läuft, in anderer Umgebung zu arbeiten. Achten Sie darauf, dass unser kleiner Terrorist nicht zu abgelenkt ist und vielleicht doch wieder Gelegenheit findet, seine Kreise zu ziehen. Hat er wieder Erfolg damit, können Sie von vorne anfangen!

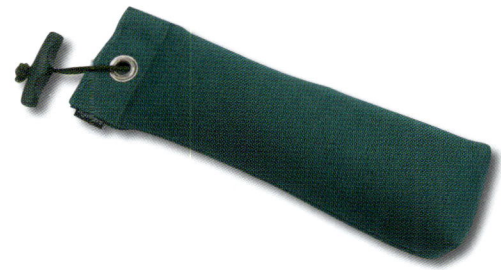

Sie sind Ihrem Ziel, dass der Hund etwas bringt und korrekt abgibt, schon sehr nahe! Setzen Sie den Vierbeiner ab, legen Sie das Dummy einige Meter vor ihn und bewegen sich selbst in gerader Linie noch einige Meter von ihm weg. Bleiben Sie ruhig stehen, so lange bis Sie denken, dass er konzentriert ist. Rufen Sie ihn heran, lassen sich das Dummy mitbringen, ihn absitzen und korrekt abgeben. Ist auch dieser Part geschafft, können langsam alle Übungen aufgebaut werden. Sollten Sie zwischendurch feststellen, dass der nächste Schritt noch nicht klappt, gehen Sie guten Mutes ein oder zwei Schritte zurück und lassen das Gelernte vielleicht einige Tage ruhen. Geduld ist ein guter Helfer!

Formen des Apportierens

5

Das Apportieren hat seinen Ursprung in der Jagd. Der Hund begleitet den Jäger und bringt ihm z.B. erlegte Kaninchen oder Enten. In der Apportierarbeit der Retriever, den Spezialisten für die Arbeit nach dem Schuss, unterscheiden wir drei Formen des Apportierens, auf die hier besonders eingegangen werden soll: die Markierung, die Verlorensuche, das Einweisen. Sie unterscheiden sich in der Aufgabenstellung, der Form des Arbeitens und in den Kommandos. Unterschiedliche Hör- bzw. Sichtzeichen verdeutlichen dem Hund, welche Art der Arbeit von ihm verlangt wird und erleichtern so das perfekte Zusammenspiel des Mensch-Hund-Teams.

Die Markierung

Der Hund sitzt aufmerksam neben seinem Führer und beobachtet die Umgebung. Es fällt Beute, der Hund merkt sich die Fallstelle, läuft auf Kommando direkt dorthin, nimmt das Apportel (evtl. Wild) auf und bringt es unverzüglich und ohne zusätzliches Kommando zu seinem Führer.
Hörzeichen: »Apport!«

Die freie Verlorensuche (Suche)

In einem Gebiet liegen Gegenstände (oder Wild), die der Hund nicht hat fallen sehen. Nach Aufforderung sucht er das Gebiet systematisch und selbstständig ab. Jedes gefundene Apportel wird umgehend und ohne zusätzliches Kommando zum Hundeführer gebracht. Dabei darf die Beute unterwegs keinesfalls gegen eine andere, auf dem Rückweg gefundene, getauscht werden.
Hörzeichen: »Such!« oder »Such verloren!«

Das Einweisen

Durch Sicht- und Hörzeichen wird der Hund zu der Stelle geschickt, an der ein zu apportierender Gegenstand bzw. Wild liegt. Der Hund kann dabei vorwärts, nach links oder rechts geschickt werden. Für einen Richtungswechsel ist jeweils ein Stopp erforderlich, am besten ein »Sitz!«.
Der Hund hat das Apportel vorher nicht fallen sehen, kennt also den Zielpunkt nicht. Er soll korrekt die Anweisungen seines Hundeführers befolgen, sich lenken lassen und nicht selbstständig suchen.
Hörzeichen – geradeaus: »Voran!« rechts und links: »Go!«

Die hier vorgeschlagenen Hör- und Sichtzeichen müssen natürlich nicht verwendet werden. Es ist letztlich egal, welche Worte und Handzeichen Sie benutzen, Hauptsache, es sind für den Hund klare und nicht verwirrende Anweisungen. Es ist sinnvoll, zusätzlich Pfeifensignale zu erarbeiten, da diese auch auf größere Distanz gut zu hören sind. Zudem sind sie relativ stimmungsneutral und in bestimmten Situationen deshalb deutlich sinnvoller. Wer schafft es schon zuverlässig, einen gewissen genervten Klang in seiner Stimme zu verhindern, auch wenn Freund Hund die Nerven gerade auf eine harte Probe stellt!?
Um nicht ständig alle möglichen Apportel nennen zu müssen, wähle ich bei den Erklärungen zum weiteren Arbeitsaufbau stellvertretend das Dummy aus. Alle Übungen können selbstverständlich auch mit Spielzeugen oder, für den jagdlich geführten Hund, mit Wild gemacht werden (hier könnte anfangs ein Spielzeug oder Dummy als Belohnung geworfen werden).

Tipp

Arbeiten Sie mit unterschiedlichen Apporteln kann es sein, dass Ihr Hund bestimmte Vorlieben entwickelt. Er wird dann gezielt versuchen, sein Lieblingsspielzeug oder -dummy zuerst zu holen, egal, welchen Auftrag Sie gerade erteilt haben. Überlegen Sie also gut, welche Aufgabe mit Erfolg ausgeführt werden kann und passen den Schweregrad der Übung dem Stand des Gehorsams an.

Die Markierung

Eine Markierung ist, in perfektionierter Form, letztlich das, was täglich Millionen Male mit Hunden gespielt wird: Ein Gegenstand wird geworfen, der Hund markiert mental die Stelle, wo er landet und holt ihn. Die im Kapitel »Erste Schritte« beschriebenen Übungen gehen bereits in diese Richtung. Unser Ziel ist, dass der Hund brav neben uns sitzt, was auch immer sich bewegt, genau beobachtet, was in der Umgebung passiert, die fallende Beute zur Kenntnis nimmt, sich genau merkt, wo sie hinfällt und sie dann auf einmaliges Kommando holt und bringt.

Spannung und Gehorsam

Die ersten Gehorsamsübungen waren das Werfen der Beute, während der Hund vor uns sitzt, später, wenn er neben uns sitzt. Es ist wichtig, dass wir in dieser Übungsphase sehr ruhig arbeiten, mit wenig Schwung und auf kurze Distanzen werfen. Wir wollen anfangs ja nicht Ungehorsam und hitziges Verhalten provozieren, sondern erreichen, dass der Hund zum Erfolgserlebnis kommt, wenn er ruhig und konzentriert arbeitet. Achten Sie darauf, dass Sie wirklich mit Ihrem »Apport!«-Kommando so lange warten, bis das Dummy liegt. Vorzeitiges Aufspringen führt nicht zum Erfolg! Entweder Sie stehen schon auf dem Dummy, bevor Ihr Hund es erwischen kann, oder Sie sichern ihn mit der Leine so ab, dass er nicht ungeplant zum Erfolg kommen kann. Benutzen Sie für eventuelle Unsicherheitskandidaten eine dünne Schleppleine, die einfach am Halsband befestigt bleibt und bei der Arbeit nicht weiter

Die Hündin sitzt, wartet, bis das Dummy gefallen ist und startet erst auf Kommando zum Apport.

stört. Solange er sitzen bleiben soll, sind auch Ihre Bewegungen langsam und ruhig. Soll er starten, kommt auch in Ihre Körpersprache wieder Aktion.

Sowie eine Arbeitseinheit erfolgreich beendet ist, wird wieder gespielt, werfen – holen – just for fun. Wiederholen Sie das Ganze solange Sie den Eindruck haben, dass es wirklich noch Spaß macht. Müssen Sie Ihren Hund »zum Jagen tragen«, sprich, apportiert er nur noch zögerlich und mit Überredung, haben Sie deutlich zu lange geübt! Halten Sie es mit Monty Roberts, dem berühmten Pferdetrainer, und hören Sie auf zu arbeiten, wenn Sie denken – noch einmal.

Unsere Ansprüche an Konzentration und Leistung steigen langsam und dem Lernfortschritt angemessen. Irgendwann ist nur noch ganz gelegentlich ein Belohnungsspiel erforderlich. Bei Hunden, die beim Spiel sehr aufgeregt werden und heftig in das Dummy beißen, ist es sinnvoll, zwischen Arbeitsgerät und Spielzeug zu unterscheiden und die Spielbelohnung mit einem Ball oder einem anderen Spielzeug zu gestalten. Egal, ob Arbeitsgerät oder Spielzeug, erlauben Sie nicht, dass beim Abgeben noch einmal nachgebissen wird und sogar vielleicht ein Zerrspiel entsteht. »Aus!« heißt loslassen, immer und sofort!

Wichtig!

Das Spiel als Belohnung ist wichtiger Bestandteil der Arbeit, ABER – Sie entscheiden, wann und wie lange gespielt wird. Fordern Sie ruhig immer mal wieder aus dem Spiel heraus Konzentration, z.B. durch einen Sitzpfiff oder eine spontane neue Aufgabe.

Schritt für Schritt zur Steadiness

Steadiness bedeutet Stetigkeit, Beharrlichkeit, Beständigkeit, Zuverlässigkeit … Hier geht es darum, soviel Ruhe in die Arbeit zu bringen, dass auch der größte Hitzkopf es schafft, so lange zu warten, bis er ein Startzeichen zum Arbeiten bekommt. Der Hund soll lernen, ruhig sitzen zu bleiben, alle Vorgänge um sich herum gut zu beobachten und eng mit uns zu kooperieren. Nichts wird verfolgt, was nicht verfolgt werden soll. Einfühlungsvermögen und Fleiß sind gefragt! Es gibt Hunde, die von Anfang an kein Problem damit haben zu warten, bis sie geschickt werden, um dann gemütlich ihre Arbeit zu tun. Andere explodieren fast vor Energie, sollen sie auch nur Sekunden warten.

Wichtig!

Beobachten Sie Ihren Hund sehr gut und üben Sie seinem Temperament angemessen. Hat er gelernt, dass Gehorsam zum Erfolg führt, wird er bald zuverlässig warten.

Sie können ruhiges Sitzenbleiben in vielen Umweltsituationen üben, indem Sie Ihren vierbeinigen Freund schlicht überall mal kurze Zeit sitzen lassen, sich entfernen, zurück kommen, ihn noch im Sitz belohnen. Beim Spaziergang oder zu Hause bewegen Sie sich immer mal wieder locker um den Hund herum, bewegen fröhlich die Arme, hüpfen, rennen ein Stück, lassen Ihre Kinder oder Freunde irgendwelchen Blödsinn machen … Sind solche Übungen kein Problem mehr, werden fliegende Gegenstände oder rollende Bälle als Ablenkung mit eingebracht.

Es ist schwer, bei so viel Ablenkung sitzen oder liegen zu bleiben!

Steigern Sie langsam Ihre Anforderungen und belohnen Sie mit Futter oder Spiel, wenn die Übung gut geklappt hat. Der Erfolg ist wichtig, deshalb bitte nicht überfordern!

Klappen solche allgemeinen Übungen, bauen Sie gezielt Steadiness-Übungen in Ihr Apportiertraining ein. Lassen Sie sitzen, werfen das Dummy, zunächst nur wenige Meter, und holen es selbst. Erfühlen Sie gut, wie oft Sie diese Übung machen können, bevor Sie, sozusagen als Belohnung für braves Warten, Ihren Vierbeiner apportieren lassen. Spannung und Entspannung in der Aktion müssen in gutem Gleichgewicht sein. Lassen Sie immer wieder ein Stück bei Fuß gehen, wieder sitzen und wechseln dann situationsangemessen zwischen holen lassen und selber holen.

Ist Ihr Hund gelassen genug, können auch mehrere Dummys geworfen und wieder eingesammelt werden. Andere Personen werfen, andere Hunde dürfen holen. Bitte selbst gut konzentriert sein und sicherstellen, dass Ihr Hund nicht mit Ungehorsam zum Erfolg kommt! Lieber nach wenigen erfolgreichen Übungen abbrechen und einige Male just for fun das Dummy holen lassen.

Der Hund muss zunächst verstehen, dass das Dummy von einer anderen Person geworfen wird. Deshalb ist es sinnvoll, dass der Werfer sich mit einem lauten Geräusch bemerkbar macht.

Es gibt Hunde, die so hoch motiviert sind, dass sie beim Apportieren in der Gruppe beginnen, lautstark zu protestieren, wenn andere Hunde arbeiten dürfen und sie selbst warten müssen. Dieses Verhalten hat meist nichts mit Ungehorsam oder dreister Forderung zu tun. Es ist vielmehr die nicht zu ertragende Spannung in Erwartung der befriedigenden Handlung, die das Fiepen auslöst. Vermitteln Sie Ihrem Hund einerseits, dass es gut und auch durchaus befriedigend für ihn sein kann, wenn andere Hunde arbeiten und andererseits, dass, wer laut schreit, nicht schneller dran ist. Arbeiten Sie hier ruhig mit viel Futterbelohnung. Beginnen Sie, Bröckchen für Bröckchen Ihren ungeduldigen Vertreter zu füttern, wenn der andere Hund loslaufen darf. Ganz wichtig ist, dass es Futterbelohnung natürlich nur gibt, während Stille herrscht! Achten Sie ganz gut auf Ihr Timing, es wird belohnt, bevor gequengelt wird, und nur so lange, wie der Hund dadurch ruhig bleibt. Beginnt er trotzdem zu fiepen, gehen Sie kommentarlos einige Schritte vom Geschehen fort und kommen genau in dem Moment zurück, wo der Hund wieder Ruhe hält. Er wird auf Dauer lernen, dass er nur zum Erfolg kommt, wenn er ruhig wartet.

Wichtig!

→ Das Vorhandensein von Beute kann bei Hundebegegnungen problematisch werden! Nicht selten kommt es zu ernsthaften Auseinandersetzungen, weil das Apportel verteidigt wird! Sind nicht alle anwesenden Hunde auf ihre Arbeit konzentriert, wird jedes Dummy, jedes Spielzeug grundsätzlich weggesteckt.

Abwechslung für den Profi

Der Grundstein für alle anspruchsvolleren Aufgaben ist gelegt! Ihr Hund kann sitzen bleiben, bis er zum Apport geschickt wird und bringt zuverlässig das geworfene Dummy. Beginnen wir also, ihn und uns neu zu fordern!

Suchenpfiff

Als kleine Hilfe bei schweren Aufgaben kann ein Suchenpfiff von Nutzen sein. Denken Sie sich ein Pfeifenkommando aus, das noch keine andere Bedeutung hat. Eine schnelle Pfifffolge z.B. »tüt-tüt--tüt-tüt--tüt-tüt« ist meist nicht anders belegt. Werfen Sie das Dummy auf kurze Distanz weg. Schicken Sie den Hund und pfeifen unmittelbar bevor er es aufnimmt, z.B. einen Meter vor Erreichen. Streuen Sie diese Übung immer wieder mit ein oder pfeifen Sie anfangs ruhig jedes Mal, wenn geholt wird, aber immer in unmittelbarer Nähe des Dummys. Der Hund wird das Ertönen des Pfeifensignals mit der Nähe des Dummys verbinden und zukünftig auch in schwierigem Gelände genau dann zu suchen beginnen, wenn er den Suchenpfiff hört.

Distanzvergrößerung

Kurze, überschaubare Distanzen sind kein Problem mehr, aber wie sieht es mit der Merkfähigkeit auf 100 Meter aus? Natürlich werden wir das nicht ohne Vorbereitung ausprobieren!
Motivieren Sie Partner oder Kinder das Training zu unterstützen, indem sie Dummys werfen! Beginnen Sie auf Boden mit niedrigem Bewuchs, damit das Finden des Dummy leicht bleibt. Bitten Sie Ihren Helfer, an einer strategisch günstigen Stelle zu stehen, das Dummy

in der Hand haltend. Gehen Sie mit Ihrem Hund einige Meter weg, bleiben Sie stehen und lassen ihn neben sich sitzen, so, dass er den Werfer und den Zielort des Dummys sehen kann. Ist der Hund konzentriert, macht der Werfer mit einem Geräusch, z.B. »brrrrrrrrrrrrrrrrrrr« auf sich aufmerksam und wirft, während der Hund schaut, das Dummy weg. Die Distanz wird so gewählt, dass die Aufgabe gut zu schaffen ist! Nach einigen Sekunden schicken Sie den Hund mit Kommando »Apport!« Bringt er artig, wird mit Spiel belohnt. Schafft er es nicht, waren Sie zu ehrgeizig.

Die Distanzen werden langsam gesteigert. Der Untergrund kann ebenfalls anspruchsvoller werden, sollte aber zunächst immer so gewählt werden, dass unser Vierbeiner nicht abgeschreckt wird. Nicht jeder Hund wird sich anfangs freiwillig in Dornenhecken oder Brennesselfelder werfen, um dort heroisch die Beute zu suchen.

Die Entfernung zum Dummy wird größer, es werden dabei auch unterschiedliche Untergründe überschritten.

Das Überschreiten natürlicher Grenzen muss geübt werden.

Ein Faktor, der nicht außer Acht gelassen werden darf, ist das Apportieren über unterschiedliche Bodenbeschaffenheiten hinweg. Stehen Sie beispielsweise auf einer Wiese, das Dummy fällt auf einen Acker und zwischen beiden befindet sich auch noch ein Weg, so kann es sein, dass der unerfahrene Hund am Wiesenrand stoppt und zunächst nur auf dem »eigenen« Untergrund nach der Fallstelle forscht. Das Überschreiten unterschiedlicher Untergründe muss durchaus geübt werden. Hierzu nutzen wir natürlich erst wieder kurze Distanzen, damit unser Lehrling das Ziel sofort sieht und keinen Zweifel an der Notwendigkeit der Überschreitung solcher Grenzen hat.

Verleitungen

Das Zurückkommen mit dem Dummy ist kein Problem mehr. Was aber passiert, wenn auf dem Rückweg, oder später sogar auf dem Hinweg ein zweites Dummy zur Ablenkung fällt?

Für diese Übung sind bereits viel Sicherheit und Zuverlässigkeit im Bringen erforderlich! Denken Sie, dass es an der Zeit ist, die Spannung zu steigern, fällt zunächst ein Ablenkungsdummy in geringer Entfernung, kurz bevor der Hund, den wir zum Apport geschickt haben, wieder bei uns ist. Loben Sie nun besonders ausführlich, noch während er, die Ablenkung ignorierend, auf Sie zuläuft. Hat er abgegeben, darf er, zumindest gelegentlich, das andere Dummy holen.

Sollte er sich von seinem Weg ablenken lassen, und mal nach dem andern Dummy schauen wollen, steht Ihr Helfer längst darauf und verhindert, dass getauscht wird. Vielleicht ist es dann noch zu früh für diese Übung oder die räumliche Distanz zwischen Hund und Ablenkung muss anfangs noch größer gewählt werden.

Mehrfachmarkierungen

Werden auch solche Aktionen zu langweilig, arbeiten wir gleich mit zwei oder drei Dummys. Unser Freund bleibt wieder artig neben uns sitzen, das erste Dummy fällt, er sitzt immer noch. Das zweite Dummy fällt in eine andere Richtung, nicht zu dicht an das erste. Anfangs ist es ganz wichtig, zu erspüren und gut zu beobachten, wo es unseren Vierbeiner zuerst hinzieht. Wir wollen Erfolge durch gehorsames Handeln, keinen Stress und keine Negativ-Erfolge durch Ungehorsam! Setzen Sie den Hund in die Richtung, in die er ohnehin laufen möchte, und schicken ihn mit einer lockeren Handbewegung und dem bekannten Hörzeichen dorthin. Hat er das erste gebracht, wird er in die andere Richtung gesetzt und zum zweiten geschickt. Bald wird er gelernt haben, dass er ohnehin alle gefallenen Teile holen darf. Es wird dann kein Problem mehr sein, die Dummys in

Es fallen zwei Dummys. Der Hund muss sich beide Fallstellen merken, um die Dummys nacheinander zu holen.

der von Ihnen gewünschten Reihenfolge holen zu lassen. Eine gelegentlich eingestreute Spieleinheit ist für den Erhalt der Motivation sicher nützlich!

Diese Übung erfordert bereits sehr viel Gehorsam und Konzentration! Beherrscht Ihr Hund sie, haben Sie dadurch schon ein hohes Maß an Umweltsicherheit erreicht!

Die Suche

Insbesondere die freie Suche fordert konzentrierten Naseneinsatz. Hunde besitzen in Bezug auf die Wahrnehmung und Verfolgung von Gerüchen für uns unvorstellbare Fähigkeiten. Haben sie beispielsweise gelernt, als sogenannte Mantrailer die Spur eines bestimmten Menschen zu verfolgen, sind sie zum Teil noch nach Wochen in der Lage anzuzeigen, ob sich die gesuchte Person an einem Ort aufgehalten hat.

Bei der Suche ist eigenständiges Arbeiten gefragt, ebenso aber Vertrauen zum Hundeführer. Ein Gelände, auf dem Dummys ausgelegt sind, die der Hund nicht fallen gesehen hat(!), soll systematisch und freudig abgesucht werden.

Der Hund muss uns also glauben, dass es dort auch etwas zu suchen gibt und später auch ein zweites oder zehntes Mal motiviert suchen. Jedes Apportel, das gefunden wird, soll sofort und ohne Umwege, insbesondere aber, ohne es gegen ein anderes zu tauschen, was zufällig auf dem Weg lag, gebracht werden.

Die Suche ist für den Hund zum einen eine durchaus anstrengende und auslastende Tätigkeit, auf der anderen Seite aber relativ schonend für die Gelenke. Während bei der Markierung ein plötzliches Stoppen aus schneller Bewegung nicht zu vermeiden ist, bewegt sich der Hund bei der Verlorensuche eher gleichmäßig und somit weniger gelenkbelastend.

Konzentriert sucht die Hündin das Dummy.

Augen zu und wegwerfen. Jeder Hund versteht das.

Hier muss es doch sein!

Lilly sucht freudig den Garten ab.

Den Willen wecken

Spielzeug, Dummys, Schlüssel oder was auch immer Ihnen einfällt, kann man nicht nur im Freien suchen lassen, sondern es kann auch mal in der Wohnung ein wenig gearbeitet werden.

Um unserem Hund zu vermitteln, dass etwas gesucht werden soll, gibt es viele Möglichkeiten. Wir können z.B. im Haus beginnen, indem wir einen besonders beliebten Gegenstand verstecken. Der Hund wird hingesetzt, wir zeigen ihm das Spielzeug und machen es noch einmal interessant. Während er artig sitzen bleibt, gehen wir ins Nebenzimmer und legen den Gegenstand dort irgendwo hin, zunächst so, dass die Suche schnell von Erfolg gekrönt ist. Wir gehen zurück zum Hund, loben ihn, dass er noch brav sitzt, bauen ein wenig Spannung auf und schicken ihn dann los. Findet und bringt er es, wird er ganz doll gelobt! Zur Belohnung wird das Spiel gleich wiederholt! Findet er nicht, helfen wir ein wenig, suchen hoch motiviert mit ihm zusammen und loben dann trotzdem. Die gleiche Übung können wir im Garten machen.

Eine andere Möglichkeit ist, Leckerchen ins Gras zu werfen und die sicherlich hoch motivierte Suche mit dem Hörzeichen »Such!« zu begleiten.

Es funktioniert auch recht gut, dem neben uns sitzenden Hund die Augen zuzuhalten und das Dummy dann fortzuwerfen. Er hört es fallen, ist ohnehin bestrebt, das Teil, welches eben noch da war, zu finden und wird sicher freudig suchen.

Auch hier setzen wir anfangs unser Hörzeichen wieder handlungsbegleitend ein. Er lernt so, Handlung und Wort zu verknüpfen.

Mehr suchen, weiter suchen

Ist das Prinzip verstanden, können auch die Anforderungen wieder wachsen. Hat man einer Garten zur Verfügung, ist es zunächst gar nicht schlecht, die Suche hier zu erweitern. Es ist ein abgegrenztes Gelände, welches intensiv abgesucht werden kann, ohne dass Freund Hund gleich zu großflächig unterwegs ist. Die ohnehin bekannten Umweltreize lenken nicht zu sehr ab. Man kann den Hund schlicht im Haus lassen, mehrere Dummys verstecken und ihn dann in Ruhe suchen schicken. Natürlich kann auch im Haus mit der Suche nach mehreren Teilen begonnen werden.

Legt man mehrere Dummys aus, ist zunächst darauf zu achten, dass sie weit genug auseinander liegen, damit der Reiz, das bereits aufgenommene gegen ein später gefundenes Dummy zu tauschen, möglichst gering gehalten wird. Es reicht anfangs auch durchaus, zwei Dummys zu verstecken. Unser Hund

muss ja überhaupt erst einmal begreifen, dass da noch mehr zu suchen sein könnte, wenn er doch schon eines gefunden hat. Den Trick mit den zugehaltenen Augen können wir auch diesmal wieder anwenden, nur dass eben zwei Dummys geworfen werden.

Wir schicken ihn mit lockerer Handbewegung grob in die eine Richtung und freuen uns aufmunternd, wenn er das erste gefunden hat. Ob der gezeigten Begeisterung ist nach Ihrer gewissenhaften Vorarbeit zu erwarten, dass er kommt und abgibt. Sofort wird er in die andere Richtung zum Suchen geschickt.

Versteht er nicht, dass es mehr als ein Teil zu suchen gibt, kann man die Apportel auch mit ihm gemeinsam auslegen, dann einen kleinen Bogen gehen, damit er nicht mehr so ganz genau weiß, wo sie liegen und ihn nun schicken. Hunde, die Spaß an der Arbeit haben, verstehen die Aufgabenstellung meist sehr schnell.

Seien Sie so motivierend, wenn ein Teil gefunden ist, dass es gar keine andere Idee geben kann, als sofort damit zu Ihnen zu laufen. Je selbstverständlicher diese Handlung ist – Beute aufnehmen, zum Menschen laufen,

Das Überschreiten von Flächen mit unterschiedlicher Bodenbeschaffenheit oder unterschiedlichem Bewuchs kann ein Problem sein und muss geübt werden.

abgeben – desto geringer ist die Chance, dass getauscht wird.

Wichtig!

 Immer, wenn nicht mehr freudig gearbeitet wird, sollten Sie noch einmal genau beobachten, an welchem Punkt Stress oder Langeweile für Ihren Hund beginnen. Vielleicht ist er schlicht unterfordert und braucht schwerere Aufgaben, vielleicht ist aber auch das Gegenteil der Fall.

Auf Spaziergängen ist es nicht immer ganz einfach, den Hund so abzusetzen, dass wir unbeobachtet unsere Dummys verstecken und anschließend suchen lassen können. Hilfreich ist auch hier wieder eine Hilfsperson, die die Suche vorbereitet.

Wählen Sie die Fläche, auf der Dummys verteilt werden, nicht zu groß. Ein Gebiet von 50 x 50 Meter als Ziel für den Aufbau der Suchenarbeit ist völlig ausreichend. Diese Flächengröße entspricht auch den Anforderungen bei Apportierprüfungen. Ihr Hund muss erst lernen, dass er sich weiter entfernen muss, um zum Erfolg zu kommen. Beginnen Sie mit einer kleinen überschaubaren Fläche, die auch Sie selbst gut im Blick haben können, z. B. 5 x 5 Meter. Vergrößern Sie das Suchengebiet einfach langsam in beide Richtungen, Meter für Meter. Erhöhen Sie die Anforderungen immer nur dann, wenn aktuell Geübtes beherrscht wird.

Auch bei der Suche können die Dummys auf unterschiedlichem Gelände versteckt werden. Legen Sie beispielsweise auf einer Wiese am Waldrand aus, kann durchaus auch in den Wald hineingelegt werden. Allein der Wechsel von hohem oder niedrigem Bewuchs von aneinander angrenzenden Flächen stellt eine neue Anforderung an das Suchverhalten dar.

Wichtig!

Ihr Hund arbeitet recht selbstständig. Überlegen Sie gut, in welches Gelände Sie ihn zur Suche schicken, oder besser formuliert, ob Sie ihn auch auf Distanz noch lenken können, falls er unterwegs Wild begegnet.

Bei trockener Hitze ist die Suche besonders schwierig. Die Geruchsmoleküle werden über Feuchtigkeit aufgenommen. Ist die Luftfeuchtigkeit gering, sind Gerüche schwerer wahrnehmbar. Bei sehr warmem Wetter ist außerdem zu beachten, dass der Hund sich bei einer Suche intensiv und kontinuierlich bewegt. Lassen Sie nicht zu viele Dummys nacheinander suchen.

Einweisen – die hohe Schule des Apportierens

Das Einweisen ist sozusagen das Abitur beim Apportieren. Wir möchten erreichen, dass unser Hund sich mit Sicht- und Hörzeichen auf einen bestimmten Punkt schicken lässt, um etwas aufzunehmen und zu bringen, ohne dass er weiß, dass dort etwas liegt. Im Gegensatz zur Verlorensuche ist hier wenig eigenständiges Arbeiten erwünscht. Egal, was unserem Vierbeiner unterwegs an Ablenkungen oder potenziellen Apporteln begegnet, er soll sich genau dorthin bewegen, wo er hingeschickt wird. Dafür ist nicht nur viel Vertrauen zwischen Mensch und Hund gefragt, sondern auch ein sehr guter Grundgehorsam. Die wichtigste Eigenschaft, die der Hundeführer bei dieser Arbeit mitbringen muss, ist Geduld!

Elementare Gehorsamsübungen

Stellen Sie sich vor, Sie möchten Ihren Hund zu einer Birke schicken, die ca. 150 Meter entfernt ist. Dort liegt ein Dummy, das er holen soll. Sie schicken ihn in gerader Linie auf den Zielpunkt zu. Nach ca. 50 Metern weicht er zu weit nach links ab. Ihr »Sitz!«-Pfiff ertönt und Ihr Hund sitzt. Sie schicken ihn nun ein Stück nach rechts, stoppen wieder mit Pfiff, lassen ihn weiter geradeaus laufen, korrigieren vielleicht noch zwei oder drei Mal. Am Zielpunkt hört er Ihren Suchenpfiff. Ihr Hund weiß – Ziel erreicht – hier suchen. Das Dummy wird ohne Zögern aufgenommen und auf direktem Weg zu Ihnen gebracht.

Sicherlich wird es ein wenig dauern, bis Sie beide diese Aufgabe lösen können. Schauen wir einmal, welche Elemente sie enthält, um sie dann Schritt für Schritt zu erarbeiten.

- Der Hund startet bei Ihnen, indem Sie ihn »Voran!« schicken.

- Er geht eine lange Strecke in die angegebene Richtung.

- Er sitzt auf Pfiff.

- Er lässt sich nach links oder rechts schicken.

- Er lässt sich auf Distanz weiter voranschicken.

- Er sucht auf Kommando.

- Er bringt und gibt ab.

Alle Elemente werden zunächst unabhängig voneinander aufgebaut. Nur wenn jedes Element gut funktioniert und die Bausteine langsam zusammengesetzt werden, kann eine perfekte Einheit entstehen! Diese Art der Arbeit macht beiden dann Spaß, wenn es ein selbstverständliches Zusammenspiel ohne Geschimpfe und unnötiges Geschrei ist! Jede einzelne Handlungsanweisung muss so gut geübt sein, dass sie sofort und zuverlässig ausgeführt wird.

Sitz auf Pfiff und Sichtzeichen

Das »Sitz!« lässt sich in den normalen Alltag am einfachsten einbauen. Da wir Menschen ohnehin dazu neigen, unsere Hände mitsprechen zu lassen, wenn wir etwas sagen, empfehle ich immer, für alle Hörzeichen auch ein Sichtzeichen zu wählen. Mein persönliches Handzeichen für »Sitz« ist der erhobene Zeigefinger. Möchte ich ein Sitz auf größere Entfernung signalisieren, strecke ich den Arm mit erhobenem Zeigefinger nach oben, so, dass der Hund es sehen kann. Mein körpersprachliches Sitzsignal ist also auch auf große Distanz klar erkennbar.

Wort, Handzeichen und Pfeifensignal haben bald dieselbe Bedeutung.

Kennt Ihr Hund dieses Signal noch nicht, dann beginnen Sie einfach, jedes Mal, bevor Sie »Sitz!« sagen, den Zeigefinger zu heben. Bald wird verknüpft sein, dass Wort und Zeichen denselben Sinn haben.

Ebenso wie das Handzeichen kann auch das Pfeifensignal leicht in das Vokabelheft Ihres Hundes aufgenommen werden. Überlegen Sie, welches Pfeifensignal noch nicht im Gebrauch ist. Haben Sie einen langen Kommpfiff, tüüüüüüüüüüt, wird der Sitzpfiff kurz, tüt, oder zweimal kurz, tüt-tüt, oder eben umgekehrt. Geben Sie Ihr neues Sitz-Signal unmittelbar bevor ein bekanntes kommt. Mit ein wenig konzentrierter Übung, der Alltag bietet dazu viele Möglichkeiten, werden bald alle drei Signale beliebig austauschbar sein.

Sitz auf Distanz

Das Hinsetzen auf Distanz wird langsam, Meter für Meter erarbeitet. Damit beginnen wir auch erst, wenn es neben uns perfekt klappt. Fordern Sie anfangs ein Sitzen nur einen Meter von Ihnen entfernt, später zwei, drei ... Hat sich der Hund hingesetzt, gehen Sie hin, belohnen ihn an Ort und Stelle, noch im Sitzen (!), und erlauben ihm dann aufzustehen. Das gezielte Beenden der Aktion ist wichtig! Sie entscheiden, wann es weiter geht!
Es muss verstanden werden, dass »Sitz!« bedeutet – hinsetzen, genau hier, genau jetzt! Setzt Ihr Hund sich bei einer Einweiseübung erst, nachdem er 20 Meter weiter gelaufen ist, oder kommt er immer erst ein Stück heran, droht die Dunkelheit, bevor Sie das Dummy wieder haben. Zudem ist es eine Übung, die das Leben Ihres Freundes im Zweifel verlän-

gern kann. Gelingt es Ihnen, ihn zu stoppen, bevor er den Weg des Traktors kreuzt oder dem Hasen über die Straße folgt, bleiben Sie beide vielleicht deutlich länger ein Traumteam.

Geben Sie sich nicht mit halben Sachen zufrieden! Auch, wenn es wieder Fleißarbeit ist, das Ziel zu erreichen, lohnt es sich definitiv! Ihr vierbeiniger Freund wird dadurch zu einem noch zuverlässigeren Partner und die Einweiseübungen machen deutlich mehr Spaß, lässt er sich leicht lenken.

Aufbau des Einweisens

Damit der Hund später zuverlässig auf die gewünschte Stelle geschickt werden kann, muss er zunächst einmal lernen, dass es sich IMMER lohnt, dorthin zu laufen, wo sein Mensch ihn hinschickt. Es wird also so lange sichtig gearbeitet, das heißt, der Hund sieht immer, wo das Dummy hingelegt wird, bis er alle Richtungsanweisungen gern und korrekt befolgt. Erst dann wird das Schicken auf verborgene Apportel (blinds) geübt, und zwar wieder mit ganz kurzen Distanzen beginnend und langsam aufbauend!

Wichtig!

→ Beim Üben des Einweisens werden niemals Dummys geworfen, sondern immer an Ort und Stelle abgelegt. Nur bei Markierungen sieht der Hund ein Dummy fallen!

Voran!

Der Hund wird zunächst geradeaus von uns weggeschickt, um die Beute zu holen. Damit er auch wirklich geradeaus läuft, suchen wir uns eine Hilfslinie, beispielsweise eine Mauer, einen Zaun, den Wegrand. Wir legen einen Gegenstand auf dieser Linie ab, gehen mit dem Hund nur wenige Meter weg, drehen uns um und lassen den Hund mit Blickrichtung auf die Beute möglichst gerade neben uns sitzen. Das ruhige Sitzenbleiben, bis das Signal zum Apportieren kommt, ist Voraussetzung!

Wir stellen uns neben ihn mit derselben Blickrichtung. Auch unsere Körperhaltung ist klar auf das Ziel ausgerichtet. Stellen Sie sich vor, Sie würden auf das Dummy zu schweben wollen. Der Arm, der dem Hund zugewandt ist, zeigt nun genau zum Dummy, aber so, dass der Hund dieses Sichtzeichen auch zur Kenntnis nehmen kann, also am besten direkt neben oder über seinem Kopf. Bei etwas unsicheren Hunden mit sehr ausgeprägter Unterordnungsbereitschaft kann die Hand über dem Kopf als bedrohlich empfunden werden. Da unser Hund das Dummy gerne haben möchte, wird er früher oder später von selbst dorthin schauen. Genau in diesem Moment schicken Sie ihn mit dem Hörzeichen »Voran, Apport!« vorwärts. Später entfällt das Wort »Apport«. Es ist am Anfang nur eine kleine Hilfe zum Vokabelnlernen, da es ja bereits bekannt ist und signalisiert, dass etwas geholt werden soll.

Das Wort »Voran!« kann auch beim Füttern geübt werden. Setzen Sie den hungrigen Vierbeiner ab, stellen Sie den Futternapf zunächst wenig entfernt hin und verfahren wie besprochen. Steigern Sie die Distanz, soweit Wohnung oder Garten es zulassen. Die Motivation, geradeaus zu spurten, wird da sein!

Verfügt man über lange gerade Wege in der Umgebung, kann das Voranschicken eventuell bis auf mehrere hundert Meter ausgedehnt werden! Aber langsam!!! Legen Sie einfach das Dummy auf den Weg, gehen mit Hund weiter, setzen ihn in Zielrichtung und schicken ihn wie beschrieben.

Der Hund muss unserer Körpersprache genau entnehmen können, wo sein Ziel ist.

Lange, gerade Wege laden zum Üben der Entfernungen ein.

63

Das Wort »Voran!« wird nur benutzt, wenn auch wirklich vorwärts, also geradeaus gemeint ist! Macht der Weg eine Biegung, ist »Voran« geradeaus und nicht dem Wegverlauf nach um die Kurve!

Steigern Sie die Übung, indem Sie in gerader Linie in zwei Richtungen je ein Dummy auslegen. Lassen Sie nacheinander beide holen. Achten Sie darauf, dass jede einzelne Aktion ruhig und konzentriert abläuft. Danach wird mit Spiel belohnt.

Nacheinander wird ruhig und konzentriert in beide Richtungen geschickt.

Auf die Hilfslinie können wir nach einiger Zeit verzichten. Die Dummys werden nun auch gut sichtbar auf die Wiese gelegt. Hilfreich ist es, wenn Sie sich angewöhnen, sie an einen markanten Punkt zu legen, z.B. vor einen Strauch oder Baum. So haben Sie selbst einen Anhaltspunkt zur Orientierung und sind bei längeren Strecken nicht verunsichert, wo das Ziel sich denn nun befindet.

Hat der Hund diese Übung verstanden, können Sie drei oder vier Dummys im Halbkreis mit ausreichendem Abstand hinlegen, später auch mehr im Kreis um sich herum verteilen. Vom Mittelpunkt aus wird Dummy für Dummy in Ruhe angepeilt und alle werden nacheinander geholt. Arbeiten Sie nicht zu schnell, verkürzen Sie die Zwischenräume zwischen den Apporteln nicht zu früh! Es wäre ein böser Rückschlag, würde Ihr Hund dabei lernen, dass er doch einfach holen kann, was er will und dass Ihre Anweisungen eher ein Diskussionsangebot sind. Es ist hilfreich, wenn eine Hilfsperson in der Nähe der Dummys steht, die sich mal eben draufstellt, sollte ein falsches angestrebt werden.

Wichtig!

→ Helfer sollen nur verhindern, dass ein falsches Dummy gebracht wird. Sie schimpfen nicht, sie verjagen den Hund nicht! Sie stehen nur kommentarlos und stimmungsneutral auf dem Apportel!

Die Dummys liegen im Halbkreis. Der Hund wird erst geschickt, wenn er sich auf das Dummy konzentriert hat, das geholt werden soll.

Wird zuverlässig immer das erste Dummy gebracht, das erreicht wurde, können Sie auch eine lange Reihe von Apporteln legen und sie der Reihe nach holen lassen.

Dass der Hund wirklich nur das Dummy bringt, welches zuerst erreicht wurde, ist eigentlich nur für Prüfungen wirklich von Bedeutung. Denken wir aber daran, welch hohe Alltagssicherheit wir darüber herstellen können, dass tatsächlich nur das apportiert wird, was auch angesagt wurde, sollte man grundsätzlich darüber nachdenken, ob diese Perfektion nicht insgesamt von Nutzen ist.

Über Kopf voran

Erinnern wir uns an die anfangs geschilderte Aufgabe. Der Hund befindet sich in einiger Entfernung von uns, wurde mit Sitzpfiff gestoppt und soll nun wieder in gerader Linie von uns fortgehen. Das Wort »Voran!« bedeutet auch jetzt – in gerader Linie vorwärts. Das hierfür verwendete Handzeichen ist das einzige, welches ich mit beiden Händen gebe. Beide erhobenen Arme bedeuten nur geradeaus voran, nicht rechts, nicht links.

Nutzen Sie wieder eine Hilfslinie, Weg oder Hecke, legen Sie gemeinsam mit dem Hund das Dummy ab, gehen einige Schritte weiter, lassen den Hund sitzen, gehen wieder einige Schritte weiter, bleiben stehen und drehen sich zum Hund um. Wären Sie jetzt bereits in einer großflächigeren Arbeitsaktion, hätten Sie den Hund gerade gestoppt, um die Richtung zu korrigieren. Er säße also und sähe Ihr Handzeichen »Sitz!«. Genau damit beginnen Sie. Nehmen Sie aber ruhig gleich beide Hände dafür und

Beide Hände nach oben bedeutet: Es geht geradeaus voran!

Ist das Voranschicken insgesamt oft genug geübt, versteht der Hund diese neue Übung meist sofort. Tut er das nicht, machen Sie erst ein kleines Motivationsspiel und probieren Sie es dann noch einmal. So ist er wieder ganz heiß auf die Beute und es zieht ihn vielleicht eher dorthin. Klappt es immer noch nicht, laufen Sie einfach ein Stück mit in Richtung Dummy und animieren zur gemeinsamen Aktion.

Auch diese Übung lässt sich auf normalen Spaziergängen prima einbauen!

Haben Sie den Eindruck, dass beide Formen des Voranschickens gut verstanden sind, kombinieren Sie sie. Dafür benötigen wir nun den gut geübten Sitzpfiff.

Legen Sie ein Dummy am Wegrand ab, gehen Sie mit Hund so weit, wie Sie denken, dass es Erfolg hat. Bleiben Sie stehen, setzen den Hund in Richtung Dummy und schicken ihn von sich aus voran. Ihre Pfeife ist zu der Zeit bereits fast einsatzbereit, denn ganz kurz nachdem unser Freund losgelaufen ist, wird er schon wieder gestoppt, um auch gleich, sowie Konzentration hergestellt ist, wieder über Kopf weiter geschickt zu werden. Der Erfolg wird gleich mit mehreren Just-for-fun-Apporten belohnt!

Tipp

Am Anfang ist es meist leichter, das Abstoppen in kurzer Distanz zu uns, also unmittelbar nach dem Start zu fordern. Je näher der Hund ist, desto größer ist unser Einfluss, je näher er an der Beute ist, desto größer die Verleitung.

halten Sie sie hoch. Später, auf große Distanz können Ihre Sichtzeichen nur wahrgenommen werden, wenn sie hoch genug sind. Als Startsignal machen Ihre Arme eine leichte Vorwärtsbewegung und Ihr Hörzeichen »Voran!« gibt die nächste Aktion frei. Auch hier kann im Zweifel das Wort »Apport!« zunächst wieder erklärend hinzugefügt werden.

Machen Sie diese Übung nicht zu oft! Wird der Hund ständig gestoppt, wenn er geradeaus laufen soll, wird er bald verknüpft haben, dass er sowieso irgendwann sitzen muss, und sich eventuell schon von sich aus nach wenigen Metern hinsetzen.

Links und rechts schicken

Wieder stellen wir uns die anfangs beschriebene Aufgabe vor. Ihr Hund ist ein Stück voran gelaufen, von der direkten Linie abgewichen und muss nun seitlich korrigiert werden. Es käme Ihr Sitzpfiff. Der Hund würde irgendwo auf der Wiese sitzen und auf weitere Anweisungen warten. Beginnen wir also damit, ihm zu erklären, was wir nun möchten.

Benutzen Sie wieder eine Hilfslinie, Mauer, Zaun oder Wegrand. Setzen Sie den Hund hin und legen Sie wenige Meter rechts oder links von ihm ein Dummy aus. Stellen Sie sich zwei oder drei Meter vor Ihren Hund. Hund und Dummy bilden eine Linie. Sie und Ihr Sichtzeichen bilden eine parallele Linie. Ideal ist, wenn Ihr Hund so motiviert ist, z.B. durch vorherige Übungen oder Spiel, dass er unbedingt das Dummy haben möchte. Liegt das Dummy rechts, heben Sie den rechten Arm zum Sitzzeichen. Schaut Ihr Hund zu Ihnen, wird er mit klarer Seitwärtsbewegung des Armes, ruhig mit deutlicher Körperbewegung, nach rechts geschickt. Mein Hörzeichen dafür ist »Go!« Auch hier kann man das Wort »Apport!« so lange hinzufügen, bis die Aktion verstanden ist.

Bemühen Sie sich, ihr körpersprachliches Signal immer parallel zur gewünschten Bewegung des Hundes zu geben. Es wird im rechten Winkel geschickt, geradeaus oder seitlich. Zeigen

Dummys liegen rechts und links auf einer Linie mit dem Hund.

Der Arm zeigt klar in die Richtung, aus der apportiert werden soll.

Sie kreuz und quer und schräg, wird die ganze Sache sehr verwirrend für den Hund.

Erst wenn in beide Seiten einzeln geschickt wurde, die Signale verstanden sind, können in beide Richtungen Dummys gelegt werden. Linkes Dummy, Hund und rechtes Dummy sind auf einer Linie. Sie stehen davor, wählen den passenden Abstand, beobachten anfangs wieder, wo es den Vierbeiner hinzieht und schicken in die Richtung, aus der erfolgreich apportiert werden wird. Ist das erste Dummy gebracht, wird der Hund an dieselbe Stelle gesetzt und in die andere Richtung geschickt.

Bei Spaziergängen lässt sich diese Übung hervorragend einbauen. Wegkreuzungen eignen sich ebenso gut wie Obstplantagen oder Ähnliches. Setzen Sie den Hund auf dem Weg ab, legen Sie, je nach Stand des Trainings ein oder zwei Dummys seitlich weg, gehen Sie allein ein Stück weiter und schicken dann unseren Meisterschüler mit klarem Handzeichen zum Dummy.

Jetzt geht's in alle Richtungen!

Haben Sie Ihr Training bis hierher gewissenhaft aufgebaut, haben Sie es geschafft, Spannung und belohnendes Spiel so zu timen, dass Ihr vierbeiniger Freund begeistert auf die nächste Aufgabe wartet, ist der nächste Schritt zur Perfektion ein Kinderspiel.

Stellen Sie sich ein Kreuz vor. An drei Spitzen legen Sie je ein Dummy, an der vierten stehen Sie. Legen Sie die Dummys ruhig mit dem Hund gemeinsam aus oder setzen Sie ihn so hin, dass er gut sieht, wo sie liegen.

Ihr Hund wird genau auf den Mittelpunkt gesetzt. Sie können ihn nach links, nach rechts oder über Kopf voran schicken. Überlegen Sie wieder, welche Reihenfolge zunächst am ehesten zum Erfolg führt. Möchten Sie erst nach rechts schicken, heben Sie den rechten Arm zum Sitzzeichen und schicken dann mit klarer Körperbewegung. Ebenso geht es nach links. Schicken Sie ihn auf das Dummy, welches hinter ihm liegt, also über Kopf voran,

Die Hündin wurde bis zum Mittelpunkt voran geschickt und dort gestoppt. Nun geht es zunächst nach rechts.

werden wieder beide Arme gehoben und er wird mit leichter Armbewegung nach vorne und Hörzeichen »Voran!« geschickt. Nach jedem einzelnen Apport wird er wieder in die Mitte gesetzt.

Da diese Übung bald klappen wird, ist gleich der nächste Schritt dran. Ihr Hund sitzt nun neben Ihnen bei Fuß, Ihre Pfeife ist einsatzbereit. Es sollen wieder alle drei Dummys nacheinander geholt werden. Bei den ersten Übungen wird das Dummy, welches von uns aus geradeaus liegt, zuletzt geholt, die beiden seitlichen zuerst. Dabei wird jedes Mal bis zum Mittelpunkt geschickt, mit Sitzpfiff gestoppt und dann nach links oder rechts weiter geleitet. Je nachdem, wie konzentriert der Hund dann noch ist, kann das voraus liegende gleich oder auch noch mit Zwischenstopp geholt werden. Eine sichernde Hilfsperson ist anfangs auch hier hilfreich.

Diese Übung ist nicht nur für Sie sehr konzentrationsintensiv, sondern auch für den Hund! Belohnen Sie die Leistung mit reichlich Spiel!

Tipp

 Übungen, bei denen der Hund im Vorangehen auf das Dummy abgestoppt wird, sollten gerade am Anfang nicht zu oft gemacht werden! Es könnte verknüpft werden, dass immer kurz nach dem Start ein Sitz gefordert wird. Manche Hunde bauen dann grundsätzlich nach wenigen Metern ein Sitz ein, in vorauseilendem Gehorsam. Also bitte das Abstoppen zunächst nur gelegentlich üben.

Blindes Vertrauen

Ihr Hund und Sie gehören nun bereits zu den rekordverdächtigen Teams! Sie haben es geschafft, eine Fülle von Übungen so aufzubauen, dass Mensch und Hund zuverlässig zusammenarbeiten. Ihr Hund hat verstanden, dass es großen Spaß macht, Ihren Anweisungen zu folgen, da man dann immer zum Erfolg kommt. Das gegenseitige Vertrauen, was Sie bisher aufgebaut haben, benötigen Sie nun, um Ihren Vierbeiner sozusagen ins Nichts zu schicken. Bisher konnte er die Apportel sehen, die er holen sollte, ab jetzt soll er Ihnen auch blind vertrauen.

Alle Übungen lassen sich mit einem Helfer, der allerdings auch ganz genau auf Ihr Kommando hören sollte, leichter gestalten.

Wie ganz am Anfang suchen wir uns auch diesmal wieder eine Hilfslinie. Je nachdem, wie arbeitseifrig Ihr Vierbeiner gerade ist, entscheiden Sie, in welcher Distanz das Dummy zum einfachen Voranschicken sichtig ausgelegt wird. Sie oder der Helfer legen es hin, der Hund schaut zu und wird dann ohne Stopp voran geschickt. Machen Sie diese Übung drei oder vier Mal, immer auf den gleichen Punkt zu.

Nun wird der Hund einen Moment abgelenkt, z.B. indem Sie einfach in die entgegengesetzte Richtung einige Meter fortgehen. Ihr Helfer legt erneut ein Dummy auf den gleichen Punkt wie zuvor. Sie gehen zur gleichen Stelle, von der aus Sie eben geschickt haben, konzentrieren den Hund und schicken ihn auf sein erstes blindes Dummy »Voran!« Er wird sich erinnern, dass er zu dieser Stelle schon mehrfach erfolgreich gelaufen ist und vorwärts gehen, auch ohne das Auslegen beobachtet zu haben.

Mehrere Male wird der Hund auf die gleiche Stelle voran geschickt. Das Dummy wurde für ihn sichtbar ausgelegt.

Das Dummy wird an dieselbe Stelle gelegt, ohne dass der Hund es sieht.

Der Hund wird voran geschickt.

Er startet freudig, weil er weiß, dass dort schon öfter ein Apportel lag.

Dieser Memory-Effekt, das Sich-Erinnern, an dieser Stelle lag etwas, erleichtert die neue Aufgabe am Anfang ungemein. Der Hund wird nicht an Ihrem Kommando zweifeln sondern loslaufen, auch wenn er nichts gesehen hat, der n da war ja etwas.

Sollte es noch nicht funktionieren, ist Ihr Ehrgeiz dem Lerntempo des Hundes vielleicht zu sehr vorausgeeilt. Prüfen Sie noch einmal in Ruhe, welche Übungen bereits gut klappen. Verlängern Sie die Distanzen für das Voranschicken auf Sicht, wenn die Spazierwege es zulassen, ruhig auf mehrere hundert Meter. Auch hierbei ist das Dummy kaum oder gar nicht mehr sichtbar, bevor es geholt werden darf.

Wichtig!

→ Nicht übermütig werden! Denken Sie daran, dass Handlungen, die beibehalten werden sollen, von Erfolg gekrönt sein müssen! Planen Sie die weiteren Übungen gut, damit Sie beide eine Chance haben, sie erfolgreich zu beenden. Es ist sinnvoll, blinde Dummys zunächst auf so kurze Distanzen auszulegen, dass der Erfolg schnell zustande kommt. Der Hund darf gar keine Chance haben zu zweifeln, ob er an ein lohnendes Ziel kommt.

Hat unser Meisterschüler verstanden, dass er darauf vertrauen kann, dass er IMMER zum Erfolg kommt, wenn er unseren Anweisungen folgt, kann das ganze Repertoire, welches bereits sichtig erarbeitet wurde, auch auf »blinds« übertragen werden. Alle Einheiten werden wieder auf ähnliche Weise mit blinden Dummys geübt, voran, über Kopf voran, rechts und links.

Tipp

→ Nutzen Sie den Memory-Effekt bei jeder neuen Aufgabe – beim Voranschicken, über Kopf voran, rechts und links. So verhindern Sie Misserfolge und erleichtern das Lernen dieser schweren Lektion.

Peggy schaut aufmerksam zur Hundeführerin und wartet auf richtungsweisende Signale.

Apportieren aus dem Wasser

Die wärmeren Monate des Jahres bieten sich auch für unsere Hunde für ein kühles Bad in See, Fluss oder Bach an. Ist das Ganze dann auch noch mit Apportieraufgaben verbunden, macht es gleich noch mehr Spaß. Einige wichtige Dinge sollte man immer beachten, wenn der Hund ins Wasser geschickt wird:

- In Gewässer geht der Hund grundsätzlich ohne Halsband oder Geschirr! Die Gefahr, dass er irgendwo hängen bleibt und sich nicht selbstständig befreien kann, ist groß.

- Lassen Sie keinen überhitzen Hund ohne vorherige Abkühlung in kaltes Wasser springen. Die Belastung für den Kreislauf ist groß.

- In fremde Gewässer, bei denen Sie nicht sehen können, welche Gefahren unter der Wasseroberfläche lauern, darf Ihr Hund nicht hineinspringen. Verborgene Stangen oder Äste können zu schweren Pfählungsverletzungen führen.

- Schauen Sie, bevor Sie ihn ins Wasser lassen, ob es einen vernünftigen Ausstieg aus dem Gewässer gibt. Bei künstlichen Begrenzungen, z.B. bei Kanälen oder angelegten Seen, gibt es unter Umständen nicht erkletterbare Steilufer aus Beton.

- Erlauben Sie nicht, dass Ihr Hund in einen Swimmingpool springt. Tut er dies einmal ohne Sie, weil er gelernt hat, dass es grundsätzlich erlaubt ist, kommt er im Zweifel nicht mehr alleine heraus.

- »Umgekippte« Gewässer enthalten viele Bakterien, die zu Infektionen führen können.

Jeder hat mal klein angefangen.

Es gibt Hunde, die von Anfang an ganz selbstverständlich ins Wasser gehen, eigenständig ihre Bahnen ziehen oder nur planschen. Andere versuchen bereits jeder Pfütze aus dem Weg zu gehen, zumindest aber sicher zu stellen, dass bei Kontakt mit Gewässern wenigstens der Bauch trocken bleibt. Haben wir es mit einem solchen Vertreter zu tun, müssen wir uns einiges einfallen lassen. Motivation ist auch hier alles, und trotzdem wird es uns nicht gelingen, jeden Vierbeiner zum Freischwimmer zu machen.

Beginnen Sie an einem Gewässer, welches einen sanften Einstieg und geringe Strömung bietet. Bei den ganz hartnäckig wasserscheuen Vertretern ist es sinnvoll, auf so warme Tage zu warten, dass Sie selbst gerne ein Fußbad oder das Schwimmen im See in Kauf nehmen. Wählen Sie als Apportel einen Gegenstand, der wirklich heißgeliebt ist, und eine hohe Motivation darstellt. Gehen Sie einfach am Rand des Gewässers ein wenig spazieren, werfen immer mal wieder dieses Spielzeug. Rein zufällig fällt es gelegentlich ins Wasser, aber immer nur so weit, dass die Chance groß ist, dass es mit etwas Überwindung und langem Hals geholt werden kann. Freuen Sie sich ganz besonders heftig, dass Ihr Hund die gefährliche Materie annimmt und sein Spielzeug rettet! Stimmungsübertragung ist hier wieder ganz wichtig, egal, was andere Spaziergänger denken! Bewegen Sie sich selbst ein wenig ins Wasser und versuchen Sie, ein fröhliches Beutespiel zu animieren. Sieht Ihr Vierbeiner ein, dass man seine Beine auch zum Schwimmen gebrauchen kann und so prima das Spielzeug erreicht, können Sie langsam das Dummy wei-

Der kleine Cocker ist noch nicht wirklich überzeugt, dass er ins Wasser möchte, auch wenn er das Spielzeug zu gerne hätte.

ter ins Wasser hineinwerfen. Es ist ratsam, solange das Zurückholen noch nicht zuverlässig klappt, eine Kordel ans Spielzeug zu binden. So können Sie es jederzeit retten oder auch nur ein wenig näher holen und damit die Motivation, es zu erreichen, wieder steigern.

Man kann das Spielzeug auch an einer sogenannten Reizangel, einem Stab mit einer Schnur daran, befestigen. So kann es wild um Sie herum hüpfen, gelegentlich auch ins Wasser. Die etwas unkalkulierbare Bewegung, die Ihnen die Reizangel ermöglicht, erhöht oft die Motivation, die Beute zu fangen. Denken Sie an unsere ersten Übungen.

Erwarten Sie nicht, dass gleich am ersten Tag eine dauerhafte Heilung der Wasserscheue eingetreten ist. Beenden Sie Ihr Spiel dann, wenn es gerade gut klappt, auch, wenn nur ein geringer Fortschritt erreicht wurde. Ein Erfolgserlebnis zum Abschluss jeder Übungseinheit ist wichtig. So wird das Erreichte positiv abgespeichert und wir können beim nächsten Mal wahrscheinlich schon an dem einmal erreichten Punkt ansetzen.

Sollten Sie vorhaben, an Prüfungen teilzunehmen, ist es auch bei der Wasserarbeit ganz wichtig, dass alles direkt und ohne Umwege gebracht und in die Hand abgegeben wird. Ein vorheriges Ablegen, etwa um sich zu schütteln, ist nicht erlaubt. Auch das Schütteln mit Dummy oder Ente im Maul wird nicht gerne gesehen.

Verhindern wir also, dass unser Hund auf solche Ideen kommt, indem wir uns zunächst genau so positionieren, dass wir das Dummy bereits entgegennehmen, sowie er das Wasser verlässt. Wir stehen also am Rand des Gewässers und lassen uns freudig lobend das Dummy in die Hand geben. Kommt der Hund aus dem Wasser, wird er sich meist schütteln. Während er beginnt, sich zu schütteln, begleiten wir die Handlung mit dem Wort »Schütteln!«. Irgendwann wird das Wort mit dem Tun so verknüpft sein, dass es als Hörzeichen nutzbar ist.

Die Distanz von Wasserrand bis zu der Stelle, an der das Dummy abgegeben wird, muss ganz langsam und vorsichtig aufgebaut werden. Versuchen Sie zu verhindern, dass Ihr Hund Fehler macht. Hat er abgegeben, darf er sich schütteln. Schaffen Sie es, dass es beim Üben immer in dieser Reihenfolge passiert, prägt sich der Ablauf so ein, dass es zu einer ritualisierten Handlung wird.

Steadiness am Wasser

Erst, wenn das Wasser angenommen wird und der Hund großen Spaß daran hat, alles zu holen, was wir hineinwerfen, beginnt wieder der Aufbau des Wartens.

Genau wie bei den ersten Landmarkierungen, wird der Reiz zunächst so niedrig gehalten, dass der Hund es schafft, sitzen zu bleiben, bis er geschickt wird. Er sitzt also neben uns, das Dummy fällt nur so eben an den Wasserrand und er darf auf Kommando holen. Da dieser Übung ja viele Gehorsamsübungen voraus gegangen sind, die dem Hund immer wieder bestätigt haben, dass er zum Erfolg kommt, wenn alle Anweisungen befolgt werden, dürfte auch dem schnellen Aufbau des ruhigen und gehorsamen Arbeitens am Wasser nichts im Wege stehen. Distanz und Schwierigkeitsgrad werden langsam gesteigert.

Die Hündin sitzt brav, bis das Dummy gefallen ist, holt es nach Aufforderung und gibt es in die Hand ab.

Übungen für ganz Pfiffige

Da ja alle einzelnen Elemente der Markierung, der Suche und des Einweisens gut erarbeitet sind, können wir beginnen, sie zu kombinieren.

Wasser-Land-Markierungen

Da das Holen mehrerer Dummys nacheinander kein Problem mehr darstellt, kann auch die Markierung an Land und Wasser zu einer Arbeitseinheit verknüpft werden. Es empfiehlt sich, diese Aufgabe zunächst an einem stehenden oder ruhig fließenden Gewässer zu erarbeiten, damit die markierte Fallstelle im Wasser auch die Stelle bleibt, von der geholt werden muss.

Beginnen Sie wieder mit überschaubaren Distanzen. Lassen Sie wieder zunächst das holen, was der Hund gerne holen möchte. Hat er verstanden, dass alles geholt werden darf, geht es wieder nach Ihren Vorstellungen. Wasserfreudige Hunde möchten eigentlich immer zuerst gerne den Wasserapport machen. In der Praxis ist das auch meist die sinnvollere Reihenfolge, da das Apportel im Wasser abtreiben und so verloren gehen kann. Bei stehenden Gewässern können auch mehrere Dummys ins Wasser fallen und nacheinander gearbeitet werden. Starke Strömung erfordert einiges an Erfahrung und gute Kondition. Hunde, die oft aus schnell fließenden Gewässern apportieren, kalkulieren bald den Weg, den das Apportel nimmt, schon beim Start mit ein.

Apportieren ist ihre Leidenschaft.

Markierung und Suche

Hier ist wieder Vertrauen gefragt! Sie oder ein freundlicher Helfer haben ein Dummy versteckt. Ihr Hund sitzt artig neben Ihnen und sieht in entgegengesetzter Richtung ein Dummy fallen. Die Fallstelle ist erst einmal so bemessen, dass sie leicht zu merken ist, denn erst soll genau auf der anderen Seite gesucht werden.

Sie drehen den Hund also um, so dass er in die richtige Richtung schaut und schicken ihn suchen. Das zu suchende Dummy sollte ebenfalls anfangs relativ leicht auffindbar sein, damit sich schnell der Erfolg für braven Gehorsam einstellt. Ist das erste Dummy gefunden, wird der Hund wieder bei Fuß gesetzt, möglichst in Richtung Fallstelle, und mit »Apport!« zur Markierung geschickt.

Auch eine solche Übung lässt sich wieder im Schwierigkeitsgrad aufbauen. Man sollte aber daran denken, dass bei zu langer Suche der Hund eventuell die Fallstelle doch vergessen kann und aus der Markierung dann eine zweite Verlorensuche wird. Das ist nicht der Sinn der Übung! Ist die Fallstelle vergessen, holen Sie Ihren Hund lieber unverrichteter Dinge zurück und wählen für die nächste Übung kleinere Distanzen.

Auch ein ruhiges Gewässer eignet sich als Ort für eine Suche.

Markierung und Einweisen

Auf einem Weg (als Hilfslinie) wird ein Dummy ausgelegt, anfangs ruhig sichtig, später blind. Der Hund sitzt bei Fuß, ein zweites Dummy fällt in Wiese oder Feld. Der Hund wird in Richtung des ausgelegten Dummys gesetzt und darauf eingewiesen. Hat er gebracht, wird die Markierung gearbeitet.

Diese Kombination eignet sich besonders, um den Schweregrad der Übungen in angemessener Form individuell zu steigern. Das ausgelegte Dummy kann später irgendwo in der Landschaft liegen, die Markierung kann in schwierigeres Gelände fallen. Es kann eine Mehrfachmarkierung, vielleicht auch eine Wassermarkierung sein. Das Dummy, auf welches eingewiesen werden muss, könnte am Wasserrand liegen, während die Markierung aus dem Wasser noch nicht gearbeitet werden darf. Mit ein wenig Phantasie lassen sich hier ganz viele unterschiedliche Übungen erarbeiten.

Hinter dem Zaun liegen Dummys zur Suche aus. Die Hündin wird durch das Tor geschickt und erhält dann ein Kommando zum Suchen.

Einweisen und Verlorensuche

Das Gelände, auf dem Dummys gesucht werden sollen, kann durchaus auch ein Stück von uns entfernt sein. Der Hund wird nun erst einmal ein Stück voran geschickt, bis er das Gelände erreicht hat, und bekommt dann den Befehl zu suchen.

Ein Beispiel: Ein Dummy ist für eine Suche in einem kleinen Waldstück ausgelegt. Zu diesem Suchengelände führt ein Weg. Sie stehen mit Ihrem Hund auf diesem Weg, setzen ihn neben sich und schicken ihn voran. Hat er das bestückte Gelände erreicht, kommt Ihr Sitzpfiff und dann die Aufforderung zur Suche.

Wichtig!

Hier werden zwei Aufgaben miteinander kombiniert, die sich grundsätzlich in der Ausführung klar unterscheiden sollen. Es ist ganz wichtig, dass Hunde, die mit einer solchen Anforderung konfrontiert werden, beides gut voneinander unterscheiden können und dass ganz klare Anweisungen gegeben werden. Es darf keinesfalls verknüpft werden, dass das Einweisen immer in selbstständiges Suchen übergeht!

Hügel mit starkem Bewuchs sind eine Herausforderung.

Hindernisse

Oft bieten sich bei der Arbeit natürliche Hindernisse an, die neue Anforderungen in bekannte Aufgaben bringen. Bäche, Sträucher, umgestürzte Bäume, Erdhaufen oder Hügel, Zäune oder Mauern können den direkten Weg, die direkte Sicht behindern. All diese Dinge können wir als willkommene Hindernisse einbauen. Unsere Hunde können darüber springen, sie umlaufen, Durchgänge suchen, z.B. Zaunöffnungen, oder Bäche durchlaufen.

Markierungen können auf Erdhügel fallen oder hinter sie, hinter Sträucher oder Mauern. Auch Einweiseübungen und Suchaufgaben können solche Hindernisse enthalten. Bei gut geübten Teams kann beispielsweise auch im Slalom um den einen oder anderen Baum herum zum Apportel geschickt werden. Es ist gar nicht so einfach, einen Hund über einen Baumstamm voran zu schicken oder durch ein Zauntor hindurch zu manövrieren.

Wichtige Vokabeln:

→ Die Zusammenarbeit zwischen Ihnen und Ihrem Hund ist deutlich effizienter, wenn Sie ihm genau sagen, was er tun soll. Hier finden Sie noch einmal die Hörzeichen für die erarbeiteten Formen des Apportierens:

→ **Markierung**
Der Hund sieht etwas fallen, merkt sich die Stelle, holt auf Kommando.
Hörzeichen: **»Apport!«**

→ **Suche**
Apportel sind versteckt, der Hund sucht eigenständig ein Gebiet ab.
Hörzeichen: **»Such!«**

→ **Einweisen**
Apportel wurden ausgelegt, der Hund kennt die Stellen nicht. Er wird mit Sicht- und Hörzeichen genau zum richtigen Ort geschickt.
Hörzeichen:
In gerader Richtung voran und über Kopf voran: **»Voran!«**
Rechts und links: **»Go!«**

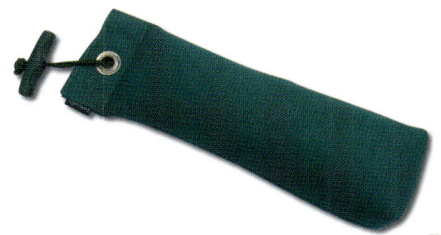

Die Böschung am Bach ist steil und dicht bewachsen. Hier ist eine gute Nase und der Wille zum Finden gefragt.

Auch bei der Freiverlorensuche gibt es noch kleine Erschwernisse, die die Arbeit spannender machen. Die Dummys können auf Baumstämmen liegen, unter Blätterhaufen oder in Löchern. Sie können in Astgabeln stecken, in Rohren oder zwischen Baumstämmen.

Bei allem Ideenreichtum sollten Sie allerdings immer die realistische Erfolgschance im Blick haben und die physiologischen Fähigkeiten eines Hundes berücksichtigen. Die unüberwindliche Mauer ist ebenso entmutigend wie das Dummy auf dem Baum.

Bei überschaubaren Gewässern, die überquert werden sollen, kann auch ein Kommando erarbeitet werden, welches dem Hund signalisiert, dass am gegenüber liegenden Ufer gearbeitet werden muss. Bäche, über die man leicht hinüber werfen kann, bieten sich als erste Übungen an. Der Hund sieht zunächst das Dummy auf die andere Seite des Ufers fallen und wird mit »Apport!« dort hingeschickt. Fügt man in diesen Situationen immer ein Wort wie z.B. »Hinüber« hinzu, wird es bald mit dem Überqueren des Gewässers verknüpft sein.

Apportieren so ganz nebenbei

Außer diesen klassischen Formen des Apportierens bieten sich im Alltag natürlich noch viele spielerische Möglichkeiten, die auch durchaus unterhaltsam, auslastend und anspruchsvoll sein können. Es müssen nicht nur Spielzeuge oder Dummys apportiert werden. Auch das Bringen alltäglicher Dinge kann Spaß machen und zudem noch hilfreich sein. Hunde können viele Begriffe lernen, Handlungsketten erarbeiten und auch Zusammenhänge verstehen. Sowohl zu Hause als auch unterwegs gibt es zahlreiche Möglichkeiten, Beutespiele zu etablieren.

Zu Hause apportieren

Es gibt Tage, an denen längere Spaziergänge schwer durchführbar sind. Eine sinnvolle Beschäftigung muss deshalb nicht ins Wasser fallen! Gerade Apportieraufgaben ergeben sich im Haushalt fast von alleine oder lassen sich leicht konstruieren.

Suche für clevere Kerlchen

Hunde, die gerne suchen, können auch im Haus prima beschäftigt werden. Schauen wir uns einmal genauer in den Räumen um, finden wir tausend Möglichkeiten, Spielzeuge so zu verstecken, dass unser Hund sich schon ziemlich anstrengen muss, um alles zu finden. Es gibt viele Zwischenräume, zwischen Möbeln, zwischen Wand und Schrank, zwischen Büchern oder Mülleimern, ... Viele davon sind perfekte Verstecke für Apportel.

Sicherlich werden Sie auch Orte finden, wo in erreichbaren Höhen versteckt werden kann. Manchmal ist schon das Dummy auf dem Stuhl unterm Tisch eine Herausforderung. Wer selbst mit Spaß an die Sache herangeht, wird sich sicherlich immer wieder neue Verstecke einfallen lassen und sich freuen, wenn der Vierbeiner all seinen Ideen auf die Schliche kommt.

Es müssen auch nicht immer Apportel sein, die versteckt werden. Trockenfutter eignet sich auch bestens dafür, gleichmäßig im Haus verteilt zu werden. So wird das ganz normale Füttern zum anspruchsvollen Einsatz für die Nase.

Das Spielzeug auf dem Gartenstuhl ist für Emma keine wirklich Herausforderung. ▶

Benennen von Gegenständen

Vielleicht haben Sie schon einmal von dem klugen Bordercollie gehört, der weit über hundert Gegenstände begrifflich auseinander halten kann. Vermutlich wollen Sie diesem Team nicht nacheifern, doch auch sie haben mal klein angefangen. Da unsere Hunde die menschliche Sprache nicht wirklich verstehen, sondern lernen, Worte mit Handlungen oder Gegenständen zu verknüpfen, hat es wenig Sinn, Ihren Hund zu beauftragen, den rosa Plüschteddy der Tochter aus dem Kinderzimmer zu holen. Zwar hat man manchmal den Eindruck, der Hund wüsste von ganz allein, was ein Schuh oder ein Teddy ist, da er es bringt, wenn wir es sagen. Schauen wir aber genauer hin, haben wir es eher mit einer Art obligatorischen Lernens zu tun. Ohne es bewusst trainieren zu wollen, haben wir wahrscheinlich jedes Mal, wenn der Hund dieses Teil brachte, etwas gesagt, wie: »Oh, der Schuh!« oder: »Bringst du den Teddy?« Langsam hat der Hund die Worte mit der Handlung und dem Gegenstand verknüpft, unsere Begeisterung reichte ihm als Belohnung.

Wollen wir Begriffe gezielt erarbeiten, gehen wir konzentrierter an die Sache heran. Wie bei allen Aufgaben arbeiten wir auch hier Schritt für Schritt und etablieren langsam das Hörzeichen. Damit keine Verwirrung entsteht, beginnen wir mit einem Gegenstand und nehmen nach und nach andere hinzu, sowie eine Lerneinheit verstanden ist. Wir arbeiten zunächst wieder in reizarmer Umgebung, am besten im geschlossenen Raum, und stellen eine gute Lernatmosphäre her.

Beginnen wir mit dem Ball. Unser Ziel ist, dass der Ball geholt wird, wenn wir das Wort »Ball« benutzen.

Gespannt wartet der Cocker darauf, dass er den Ball holen darf.

83

Der Hund sitzt neben uns, der Ball liegt vor uns auf dem Boden. Das Wort »Apport!« ist bekannt. Wir können auf zwei Arten vorgehen: das Wort »Ball« kann schlicht vor unserer Aufforderung zum Apportieren stehen, also »Ball Apport!« oder wir geben zuerst nur das Hörzeichen zum Apportieren und sagen das Wort Ball genau dann, wenn der Hund den Ball aufnimmt, wiederholen es ruhig, während er ihn bringt. Sie können auch beides tun. Wichtig ist, dass der Hund eine Chance hat, das neue Wort wirklich mit dem richtigen Gegenstand zu verknüpfen. Absolut kontraproduktiv wäre, wenn alles Mögliche in der Nähe liegt und unser Freund auf das Kommando »Ball Apport!« das Dummy bringen würde. Durch Ihre Erklärung: »Aber nein, das ist doch das Dummy und du solltest doch den Ball holen!«, wird er den Fehler nicht verstehen! Bereiten Sie diese Übung also gut vor, schließen Sie Fehler aus! Freuen Sie sich wie immer ganz doll und belohnen Sie den Erfolg!

Reicht allein das Wort »Ball«, um das Heranholen desselben auszulösen, kann mit dem nächsten Gegenstand begonnen werden. Mit dem »Teddy« erarbeiten wir nun gewissenhaft dieselbe Lerneinheit, bevor wir beginnen, beide Gegenstände anzubieten.

Saluts Lieblingstier ist das Schaf.

Haben Sie den Eindruck, dass beide Worte zuverlässig entsprechende Handlungen auslösen, wagen wir den nächsten Schritt. Ball und Teddy werden weit genug voneinander entfernt hingelegt. Ihr Hund sitzt konzentriert neben Ihnen und wartet darauf, endlich loslegen zu dürfen. Erspüren Sie wieder ganz gut, welches Teil er zuerst holen möchte. Vielleicht ist eines davon ja das Lieblingsspielzeug. Schicken Sie ihn genau dorthin, wo mit Erfolg zu rechnen ist! Zeigen Sie zunächst auch noch auf den Gegenstand, der gerade geholt werden soll, das erleichtert die Aktion. Erst, wenn er verstanden hat, dass alles nacheinander geholt werden darf, fordern wir mehr und lassen nach unseren Vorstellungen holen.

Fügen Sie so viele Begriffe hinzu, wie Sie beide Lust an diesem Spiel haben!

Kleine Handreichungen

Gegenstände, die »einen Namen« haben, müssen nicht nur Spielzeuge sein. Es kann auch der Schlüssel sein, der Hausschuh, die Leine, der Futternapf, die Bürste. Alles, was Ihnen hinunterfällt, kann auf das Hörzeichen »Apport!« hin aufgehoben werden. Hat Ihr Hund Spaß daran, oft kleine Aufgaben zu erledigen, ist er insgesamt sehr aufmerksam und arbeitsfreudig, wird es ihn begeistern, Sie mit solchen Kleinigkeiten zu erfreuen. Muntern Sie ihn bei jedem neuen Gegenstand auf, ihn aufzuheben und freuen Sie sich ganz überschwänglich über die tolle Unterstützung. Eine gelegentliche Futterbelohnung oder eine kleine Spieleinheit werden ihn in seinem Handeln bestätigen.

Auch Transporte von einem Zimmer ins andere, vom Keller nach oben oder vom Auto ins Haus kann er durchführen. Weder das Klopapier noch die Putztücher müssen Sie in Zukunft selber tragen. Alles, was vertretbar ist, kann ihm durchaus als Apportel schmackhaft gemacht werden.

Mancher Hund liebt es, die Zeitung herein zu holen. Um dies zu erreichen, sollte zunächst nur das Tragen der Zeitung geübt werden. Voraussetzung dafür, dass er sie selbst holen kann, ist natürlich, dass Briefkasten oder Zeitungsrolle für ihn erreichbar sind und das Objekt der Begierde so weit heraus schaut, dass es auch gefasst und heraus gezogen werden kann.

Nehmen Sie Ihren Hund mit, wenn Sie die Zeitung holen und lassen Sie sie von ihm hinein tragen. Tut er das gerne, beginnen Sie irgendwann, ihn zu motivieren, sie selbst aus der Rolle oder aus dem Briefkasten zu ziehen. Nehmen Sie dazu zunächst selbst die Zeitung heraus und geben Sie sie dem Hund zum Tragen. Lassen Sie den Hund abgeben, stecken die Zeitung wieder in den Kasten hinein und fordern Sie, sehr motivierend, zum Apport auf. Bestätigen Sie jede Bewegung, vielleicht schon jeden interessierten Blick dorthin positiv. Sollte es nicht gleich klappen, beenden Sie die Übung, wenn Ihr Hund allein die Tendenz zeigt, sich der Ausführung Ihres Wunsches zu nähern. Holen Sie Ihre Lektüre noch einmal selbst aus dem Postkasten, lassen Sie sie vom Hund hinein tragen und loben ihn dafür, wie gewohnt.

Maya zieht die Zeitung vorsichtig aus dem Briefkasten und gibt sie vorbildlich ab. Jede kleine Aufgabe erledigt sie mit Begeisterung.

Täglich kann man neu versuchen, den Hund die Zeitung aus dem Kasten ziehen zu lassen und jeden kleinen Fortschritt begeistert kommentieren. Es wird vielleicht ein wenig brauchen, bis er seine Methode gefunden hat, das Papier in noch lesbarer Form zu Ihnen zu bringen.

Je nach örtlichen Gegebenheiten lässt sich diese Übung auch weiter ausbauen. Vielleicht liegt eine Treppe zwischen Ihnen und dem Briefkasten oder die Distanz bis zum Gartentor ist zu überwinden. Hat Ihr Vierbeiner die Aufgabe grundsätzlich verstanden, können Sie beginnen, an der Distanz zu arbeiten und ihn langsam immer ein Stück weiter bis zur gewünschten Zeitung zu schicken. Bald wird Ihr Hund mit Begeisterung den Weg für Sie erledigen!

Sollte Ihr Postbote nicht gerade der Lieblingsfeind Ihres Hundes sein, könnten Sie ihn bitten, die Post an den Hund auszuhändigen, der diese dann zu Ihnen weiterleiten darf. Auch hier würden Sie am besten so beginnen, dass Sie zunächst selbst die Briefe in Empfang nehmen, sie dem Hund geben und ihn die Post ins Haus tragen lassen. Ist er ein begeisterter Apportierer, wird er sicherlich schon beim nächsten Mal seine neue Aufgabe erkannt haben und die Post auch gleich vom Briefträger entgegen nehmen, um sie für Sie hineinzutragen. Sollten Ihre Briefe durch einen Briefkastenschlitz direkt ins Haus fallen, könnten Sie erarbeiten, dass Ihr kleiner Freund sie automatisch und unverzüglich an Sie weiter leitet. Beginnen Sie, indem Sie wieder den ankommenden Brief selbst aufheben und ihn vom Hund tragen lassen. Der nächste Schritt wäre, dass der Hund zum Aufheben animiert wird. Achten Sie einige Tage ganz besonders darauf, wann der Briefträger kommt. Sinnvoll wäre es sogar, zunächst mit dem Hund zusammen am Briefschlitz zu warten, bis die Post durchfällt, um ihn sofort zum Aufheben und Bringen zu motivieren. Sowie das klappt, kann er auch aus geringer Entfernung, später auch aus anderen Räumen heraus oder von einer anderen Etage aus zum Postholen geschickt werden. Wahrscheinlich wird er bald die Geräuschkulisse um Ihr Haus herum so gut im Ohr haben, dass er bereits an der Haustür wartet, wenn er den Briefträger in der Nähe wahrgenommen hat, um seinen neuen Job zu erledigen.

Aufgaben für ganz Vorsichtige

Sollte Ihr Vierbeiner zu denen gehören, die ganz vorsichtig und ohne Zahnabdrücke zu hinterlassen, Gegenstände tragen können, kann es auch das Telefon sein, das Handy oder Ihre Tasche. Ganz pfiffige Vertreter schaffen es irgendwann, diese lebenswichtigen Teile zu suchen und somit manchmal den Tag oder den Zeitplan zu retten. Sollten Sie auch zu den etwas schusseligen Zeitgenossen zählen, deren Schlüssel nur versehentlich dort liegt, wo er sein sollte, kann das mehr als hilfreich sein!
Auch das Klingeln des Telefons kann als Signal zum Apportieren dieses Teils erarbeitet werden, wenn grundsätzlich das Tragen dieses relativ verletzbaren Gegenstandes möglich ist. Rufen Sie sich selbst mit einem anderen Apparat an. Das Telefon liegt gut sichtbar und für den Hund gut erreichbar. Nach Ertönen des ersten Klingelzeichens kommt Ihr Kommando für den Apport. Der Begriff sollte vorher geübt sein. Mit ein wenig Übung steht bald das Klingelzei-

Das Apportieren des Handys sollten Sie mit einem »Handy-Dummy« trainieren, bevor Sie sich Ihr iPhone bringen lassen.

Für ´nen Apfel und ein Ei tut Salut alles.

chen für das Kommando und Sie werden kein ankommendes Gespräch mehr verpassen.

Besondere Bewunderung werden Sie erzielen, wenn Ihr Hund in der Lage ist, Äpfel, Würste oder sogar rohe Eier zu apportieren, ohne sie unaufgefordert zu verspeisen. Sie sollten mit solchen Übungen nicht unbedingt beginnen, wenn der Hund sehr aufgeregt oder besonders hungrig ist. Lassen Sie solche Dinge, die der Gefahr einer anderen Verwertung unterliegen, zunächst nur kurz halten und belohnen Sie mit Futter oder Spiel. Legen Sie es dann erst einmal nur vor sich hin, lassen es aufnehmen

und abgeben. Distanz sollten Sie nur langsam aufbauen und erst, wenn Ihr Hund verstanden hat, dass Abgeben lohnender ist als die sofortige Verwertung.

Sollten die ersten Versuche scheitern, ist es besser, mit diesen Apportierübungen noch ein wenig zu warten, bis Ihr vierbeiniger Freund noch sicherer arbeitet. Ein Verspeisen des potenziellen Apportels ist ziemlich kontraproduktiv. Warum sollte er schließlich das Ei abgeben, wenn es doch eine Chance gibt, es akribisch vom Boden zu entfernen?

Vielleicht können so sogar Ihre Kinder zum Aufräumen motiviert werden.

Aufräumen

Ihr Hund kann Gegenstände aufheben, sie bringen und auf Kommando loslassen. All das braucht er, um Teile, die auf dem Boden verstreut sind, aufzuräumen. Alles soll in einen Korb gepackt werden.

Legen Sie anfangs nur ein Apportel auf den Boden, nehmen Sie sich den »Ordnungskorb« und konzentrieren Sie Ihren Hund auf sich. Lassen Sie ihn das Teil holen, halten den Korb unter seinen Fang und lassen auf das Hörzeichen »Aus!« ausspucken. Der Gegenstand fällt in den Korb – Ziel erreicht. Die Zahl der aufzuräumenden Teile wird langsam erhöht und der Korb muss später nicht mehr gehalten werden sondern kann auf dem Boden stehen. Immer bevor Sie ihn zum Apportieren der einzelnen Teile losschicken, hört er das Wort »Aufräumen!«. Irgendwann wird allein dieses Wort das ordnende Handeln in Gang setzen.

Der Ball im Baum ist sicher nicht ganz leicht zu finden. Soll er auch nicht!

das Auffädeln der Verhaltenskette vom Ende aus, einsetzen, hängt jeweils von der Übung ab. Beim Einräumen von Gegenständen in den Korb würde ich eher das Chaining wählen, ebenso beim Apportieren von rohen Eiern oder anderen verletzlichen Gegenständen, die in die Hand abgegeben werden müssen. Auch wenn mancher Hund grundsätzlich ein weiches Maul hat, also sehr vorsichtig trägt, kann es gerade bei diesen empfindlichen Apporteln sehr hilfreich sein, zunächst mit gleich aussehenden Dummys zu arbeiten. Handy-Dummys sind im Handel ebenso erhältlich, wie sogenannte Legeeier.

Bei der Erarbeitung der Namen verschiedener Gegenstände wird eher das Shaping angebracht sein. Hier würde man genau in dem Moment clicken, in dem der Hund den gewünschten Gegenstand anschaut, sich darauf zu bewegt, oder ihn gerade aufnimmt. Ihr Einfühlungsvermögen und gute Beobachtung sind hier wichtig, um den richtigen Aufbau genau für Ihren Hund zu finden. Schauen Sie eventuell noch einmal in das Kapitel, das sich mit dem Aufbau über den Clicker befasst.

Der Clicker kann bei der Erarbeitung solcher Aufgaben sehr hilfreich sein. Insbesondere, wenn der Hund kleine Hilfeleistungen, z. B. für Menschen mit Handicaps erbringen soll, ist diese Form des Lernens sehr effektiv. Das Bringen von Schlüsseln, Telefonen oder wichtiger Post sollte durchaus gut aufgebaut sein, damit es tatsächlich eine helfende Aktion ist!

Ob Sie ein Shaping, die Verhaltensformung, die beim ersten Schritt ansetzt, oder ein Chaining,

Apportierspiele für unterwegs

Ob Suche, Markierung oder Einweisen, mit und ohne Hindernisse, viele der Übungen lassen sich bei ganz normalen Spaziergängen mal eben einbauen. Egal, ob Sie mit Dummys, Spielzeug oder dem Handschuh arbeiten, Ihr Hund wird sich über die interessante Beschäftigung freuen. Wie im Haus kann er aber auch draußen Aufgaben übernehmen und Sie tatkräftig unterstützen.

Einkaufskorb tragen

Das Tragen eines angemessenen Korbes wird zunächst zu Hause geübt. Der Hund wird motiviert, den Henkel des Korbes zu greifen und samt Korb mit ihnen zu gehen. Legen Sie von Anfang an ein Leckerchen hinein, eventuell eingepackt, welches nach ordentlicher Abgabe des Korbes als Belohnung dient. Hat er Spaß an der Sache, kann er Sie bei Erledigungen mit Korb begleiten und Kleinigkeiten darin tragen. Häufig werden solche Aktionen zu Ritualen, wenn es z.B. um den Gang zum Bäcker oder zum Zeitungsladen geht.

Bei der Wahl des Korbes ist darauf zu achten, dass er wirklich vom Hund bequem getragen werden kann und nicht vielleicht bei jedem Schritt vor die Beine schlägt. Gegebenenfalls ist es hilfreich, den Tragegriff mit robustem Stoff zu umwickeln, damit er leichter gehalten werden kann.

Auch kleine Geschenke kann der Hund darin überbringen.

Leine aufheben

Der gut erzogene Hund wird bei Erledigungen gelegentlich abgelegt. Ist es gefahrlos möglich und entspricht es dem Erziehungsstand, ist ein Anbinden nicht nötig. Die Leine liegt neben ihm. Hat er zu Hause bereits gelernt, dass dieses Teil mit einem bestimmten Wort vom Menschen angefordert werden kann, wird er Ihnen auch in allen Umweltsituationen gerne seine Leine aufheben und in die Hand geben. Hat man ohnehin schon die Hände voll, ist das eine willkommene Hilfe.

Sachen verlieren

Viele Spazierwege eignen sich hervorragend zum Üben verschiedener Apportieraufgaben. Sollten Sie Spielzeuge oder Dummys dabei haben, können Sie natürlich allerlei Übungen damit machen. Haben Sie aber gar nichts mitgenommen, kann auch ein Handschuh, der Schlüsselbund oder das Handy den Hund beschäftigen. Rein zufällig vergessen Sie wichtige Dinge auf einer Bank, verlieren Sie auf dem Weg oder werfen Sie in die Wiese. Alles passiert, wenn Freund Hund nicht aufpasst und anderweitig beschäftigt ist. Fällt uns der Verlust dann einige Meter weiter auf, können wir suchen lassen oder auch genau auf den Punkt hin einweisen. Manche Hunde sind so versessen auf solche Spiele, dass es kaum möglich ist, ohne ihre Aufmerksamkeit etwas liegen zu lassen.

Haben Sie es geschafft, dass Ihr Hund zuverlässig sucht und bringt, können Sie manchen ungläubigen Zeitgenossen damit irritieren, dass Sie z.B. Ihren Schlüssel in eine hohe Wiese werfen und lässig warten, dass Freund Hund ihn wieder bringt. Anfänglich würde ich den Schlüssel so werfen, dass der Hund verfolgen kann, wo er hinfällt (und Sie vielleicht auch). Später können Sie eine Verlorensuche daraus machen, bei der vom Hund eben nicht gesehen wurde, dass etwas fällt. Bei solchen Übungen sollte man sehr gut überlegen, ob Motivation und Ausbildungsstand dies schon zulassen oder ob der Heimweg im Zweifel zu Fuß angetreten und der Schlüsseldienst bestellt werden muss.

Sie findet ihn überall! Felice sucht den Schlüssel mit Begeisterung.

Schlussgedanken

Vielleicht konnten Sie auf den vorausgegangenen Seiten einen Schlüssel finden für eine Beschäftigung, die Ihnen und Ihrem Hund gleichermaßen gefällt. Apportieren ist, wie Sie sich nun noch besser vorstellen können, mehr als Bällchen werfen! Es ist eine Möglichkeit der Beschäftigung für viele Hunde und ihre Menschen. Man muss auch nicht unbedingt einen Retriever besitzen, um die fortgeschritteneren Aufgaben erarbeiten zu können. Natürlich fallen bestimmte Aufgaben dem einen Hund leichter, der andere tut sich etwas schwerer. Trotzdem lassen sich auch anspruchsvolle Übungen für die Hunde finden, denen das Apportieren eben nur etwas im Blut liegt. Haben Sie und Ihr Hund grundsätzlich Spaß an dieser Art der Arbeit, kann auf dem, was hier begonnen wurde, in viele Richtungen aufgebaut werden. Jagdliches Apportieren, gezielte Vorbereitung auf Dummyprüfungen, helfende Einsätze für Menschen mit Handicaps wären beispielsweise hier zu nennen. Auch im Obedience oder bei mancher Begleithundeprüfung ist Apportieren angesagt und auch der Rettungshund kann als »Bringselverweiser« ein Apportel bringen und damit anzeigen, dass er einen Menschen gefunden hat.

Wenn wir davon ausgehen, dass alle Hunde, die vom Menschen gezüchtet wurden, einmal bestimmte Aufgaben im Zusammenleben hatten, wird schnell klar, dass diese Aufgaben für die meisten unserer Vierbeiner heute rar geworden sind. Welcher Hund darf Schafe hüten, mit auf die Jagd gehen oder die Kutsche begleiten? Unausgeglichenheit durch Unterforderung und Verhaltensprobleme sind nicht selten die Folge dieses Beschäftigungsmangels.

Ziel dieses Buches war es, Wege aufzuzeichnen, wie Sie Ihren Hund im Alltag fordern, ihn artgerecht auslasten und mit ihm gemeinsam kontinuierlich neue Aufgaben erarbeiten können. Die vorgeschlagenen Wege basieren auf langjähriger Erfahrung in der Apportierarbeit mit vielen verschiedenen Hunderassen.

Ich wünsche Ihnen und Ihrem Hund viel Spaß bei der Arbeit!

Manuela van Schewick

Hundeschule vom Tomberg
Manuela van Schewick
Tombergstr. 14
53340 Meckenheim
www.hundeschule-meckenheim.de
info@hundeschule-meckenheim.de